全国技工院校"十二五"系列规划教材
中国机械工业教育协会推荐教材

职业道德与职业素养

主　编　尹凤霞
参　编　邓　胜　张小波　张海霞
　　　　张小娃　黄晓珊
主　审　王筠镇

机械工业出版社

本教材介绍了有关职业和职业道德规范等知识，阐述了职业生涯设计的具体方法，以及职业道德、职业能力、职业意识的培养途径，引导学生重视个人职业能力、社会实践能力的提高，鼓励学生积极参与社会实践活动，培养职业感情、责任意识、规范意识与质量意识、服务意识与沟通意识、团队合作意识、劳动关系与权益保护意识等。

本教材可供技工院校、职业技术学校、职业高中的师生使用，并配有电子教案。

图书在版编目（CIP）数据

职业道德与职业素养/尹凤霞主编. —北京：机械工业出版社，2012.4（2025.9重印）

全国技工院校"十二五"系列规划教材

ISBN 978-7-111-37501-2

Ⅰ. ①职… Ⅱ. ①尹… Ⅲ. ①职业道德—技工学校—教材 Ⅳ. ①B822.9

中国版本图书馆 CIP 数据核字（2012）第 025385 号

机械工业出版社（北京市百万庄大街 22 号　邮政编码 100037）
策划编辑：郎　峰　责任编辑：郎　峰　宋亚东
版式设计：刘　岚　责任校对：王　欣
封面设计：张　静　责任印制：张　博
北京机工印刷厂有限公司印刷
2025 年 9 月第 1 版第 15 次印刷
184mm×260mm・9.5 印张・229 千字
标准书号：ISBN 978-7-111-37501-2
定价：26.80 元

凡购本书，如有缺页、倒页、脱页，由本社发行部调换

电话服务　　　　　　　　　　　　　网络服务
社服务中心：（010）88361066　　　　门户网：http://www.cmpbook.com
销售一部：（010）68326294
销售二部：（010）88379649　　　　　教材网：http://www.cmpedu.com
读者购书热线：（010）88379203　　　**封面无防伪标均为盗版**

序

"十二五"期间,加速转变生产方式,调整产业结构,将是我国国民经济和社会发展的重中之重。而要完成这种转变和调整,就必须有一大批高素质的技能型人才作为后盾。根据《国家中长期人才发展规划纲要(2010—2020年)》的要求,至2020年,我国高技能人才占技能劳动者的比例将由2008年的24.4%上升到28%(目前一些经济发达国家的这个比例已达到40%)。可以预见,作为高技能人才培养重要组成部分的高级技工教育,在未来的10年必将迎来一个高速发展的黄金期。近几年来,各职业院校都在积极开展高级工培养的试点工作,并取得了较好的效果。但由于起步较晚,课程体系、教学模式都还有待完善与提高,教材建设也相对滞后,至今还没有一套适合高级技工教育快速发展需要的成体系、高质量的教材。即使一些专业(工种)有高级工教材也不是很完善,或是内容陈旧、实用性不强,或是形式单一、无法突出高技能人才培养的特色,更没有形成合理的体系。因此,开发一套体系完整、特色鲜明、适合理论实践一体化教学、反映企业最新技术与工艺的高级工教材,就成为高级技工教育亟待解决的课题。

鉴于高级技工教材短缺的现状,机械工业出版社与中国机械工业教育协会从2010年10月开始,组织相关人员,采用走访、问卷调查、座谈等方式,对全国有代表性的机电行业企业、部分省市的职业院校进行了历时6个月的深入调研。对目前企业对高级工的知识、技能要求,各学校高级工教育教学现状、教学和课程改革情况以及对教材的需求等有了比较清晰的认识。在此基础上,他们紧紧依托行业优势,以为企业输送满足其岗位需求的合格人才为最终目标,组织了行业和技能教育方面的专家精心规划了教材书目,对编写内容、编写模式等进行了深入探讨,形成了本系列教材的基本编写框架。为保证教材的编写质量、编写队伍的专业性和权威性,

职业道德与职业素养

2011年5月,他们面向全国技工院校公开征稿,共收到来自全国22个省(直辖市)的110多所学校的600多份申报材料。在组织专家对作者及教材编写大纲进行了严格评审后,决定首批启动编写机械加工制造类专业、电工电子类专业、汽车检测与维修专业、计算机技术相关专业教材以及部分公共基础课教材等,共计80余种。

本系列教材的编写指导思想明确,坚持以达到国家职业技能鉴定标准和就业能力为目标,以各专业的工作内容为主线,以工作任务为引领,由浅入深,循序渐进,精简理论,突出核心技能与实操能力,使理论与实践融为一体,充分体现"教、学、做合一"的教学思想,致力于构建符合当前教学改革方向的,以培养应用型、技术型、创新型人才为目标的教材体系。

本系列教材重点突出了如下三个特色:一是"新"字当头,即体系新、模式新、内容新。体系新是把教材以学科体系为主转变为以专业技术体系为主,模式新是把教材传统章节模式转变为以工作过程的项目为主,内容新是教材充分反映了新材料、新工艺、新技术、新方法。二是注重科学性。教材从体系、模式到内容符合教学规律,符合国内外制造技术水平实际情况。在具体任务和实例的选取上,突出先进性、实用性和典型性,便于组织教学,以提高学生的学习效率。三是体现普适性。由于当前高级工生源既有中职毕业生,又有高中生,各自学制也不同,还要考虑到在职人群,教材内容安排上尽量照顾到了不同的求学者,适用面比较广泛。

此外,本系列教材还配备了电子教学课件,以及相应的习题集,实验、实习教程,现场操作视频等,初步实现教材的立体化。

我相信,本系列教材的出版,对深化职业技术教育改革,提高高级工培养的质量,都会起到积极的作用。在此,我谨向各位作者和所在单位及为这套教材出力的学者表示衷心的感谢。

原机械工业部教育司副司长

中国机械工业教育协会高级顾问

郭广发

前　言

　　我国正处于经济高速发展时期，但与发达国家相比，劳动力素质仍然有相当大的差距，技能人才尤其是高技能人才的缺口仍很大。因此，做好劳动者的职业指导工作对于提高劳动者的素质，促进国民经济的可持续发展具有非常重要的意义。目前，职业研究和职业指导类的书籍有很多，但可操作性强的、适合职业类学校学生使用的书籍却并不多。

　　本书分为 5 个单元：单元 1 为职业与职业理想，介绍职业知识以及职业生涯设计的具体方法；单元 2 为职业能力的培养，引导学生认识职业能力的重要性以及提高职业能力的愿望，掌握职业能力提升的途径；单元 3 为职业道德的培养，培养学生遵守职业道德的意识，掌握各行业的职业道德规范；单元 4 为职业意识的培养，从工作实际出发，介绍责任意识、规范意识与质量意识、服务意识与沟通意识、团队合作意识、劳动关系与权益保护意识的培养方法；单元 5 为社会实践，帮助学生掌握社会实践的具体内容和参与方法，引导学生注重提高个人的社会实践能力和职业能力。各单元内容紧密联系实际，并着重介绍了职业能力、职业道德与职业意识培养的具体方法，操作性强，适合技工院校、职业技术学校、职业高中的师生使用。

　　本教材由尹凤霞主编，邓胜、张小波、张海霞、张小娃、黄晓珊参加编写，王筠镇主审。编写人员均已取得国家高级职业指导师、职业指导师资格职业证书，并有多年的指导实践经验。

　　由于编写时间紧张，作者水平有限，书中难免存在不足之处，敬请广大读者提出宝贵意见，以期不断完善。

编　者

目 录

序
前言

单元 1 职业与职业理想 ... 1
 任务 1 培养职业兴趣 ... 2
 任务 2 了解职业性格与职业性格发展 ... 8
 任务 3 认识职业生涯设计 ... 13
 思考与训练题 ... 26

单元 2 职业能力的培养 ... 31
 任务 1 了解职业能力概念 ... 33
 任务 2 认识职业资格认证制度 ... 40
 任务 3 加强职业能力训练 ... 45
 思考与训练题 ... 53

单元 3 职业道德的培养 ... 58
 任务 1 了解职业道德的含义 ... 59
 任务 2 了解职业道德的基本规范 ... 64
 任务 3 了解各行业职业道德规范 ... 71
 任务 4 养成职业道德行为 ... 77
 思考与训练题 ... 83

单元 4 职业意识的培养 ... 87
 任务 1 培养责任意识 ... 89
 任务 2 培养工作规范意识与质量意识 ... 94
 任务 3 培养服务意识与沟通意识 ... 101
 任务 4 培养团队合作意识 ... 106
 任务 5 培养劳动关系与权益保护意识 ... 109
 思考与训练题 ... 115

单元 5　社会实践 118
任务 1　制订社会实践活动计划 120
任务 2　访问用人单位 125
任务 3　访问校友 128
任务 4　进行人才市场调查 131
任务 5　撰写社会实践调查报告 133
思考与训练题 138

参考文献 141

单元 1　职业与职业理想

 知识目标

1．了解职业的重要地位，树立职业理想；
2．了解基本的职业知识；
3．了解职业兴趣、职业性格以及职业能力的培养途径；
4．了解职业生涯设计的方法。

 技能目标

1．掌握职业兴趣、职业性格的分析方法；
2．掌握职业生涯设计的具体办法。

 职业感言

选择职业或专业，是人生的一项非常重要的抉择。它不仅决定了你今后将从事什么工作，而且也在很大程度上决定了你将来的生活——你的生活内容、生活方式等，因为你的一天中大部分的时间将在工作岗位上度过。工作对人实在太重要了，它几乎贯穿着人生的全过程。

——陶行知

 **案例分享**

秀秀的选择

秀秀学的是计算机应用专业，她的性格外向活泼，在校期间喜欢参加各类社团活动，不过她的专业兴趣却不大，也不清楚自己的真正的兴趣在哪里。中技毕业以后，秀秀来到一家网络公司从事计算机应用工作。工作三个月，她丝毫没有感到工作的乐趣，而且越来越烦，心理压力很大。一想到每天需要面对那台冷冰冰的计算机，她的心情就无法轻松起来。虽然她人际关系不错，同事对她评价蛮好，她的待遇也不错，但每天要接触那台冷冰冰的机器，真是太枯燥、太无聊了。她打算跳槽，可是到底换个什么样的工作呢？她一筹莫展，只好求助学校里的职业指导老师。

秀秀性格外向活泼，对计算机的兴趣不大。工作三个月属于工作适应时期，在这个时期很容易出现不稳定状况。一般刚参加工作的年轻人很容易出现这种不稳定的状态。虽然秀秀对眼前的工作不满意，但也弄不清楚自己的兴趣所在。经过交谈，职业指导老师给秀秀以下建议。

1. 向上司提出要求，安排她在一个同事多一点的办公室里，方便秀秀与人沟通。

2. 工作一段时间后，起身活动一下，并逐渐将连续工作的时间延长，渐渐减少工作中起身活动的次数。

3. 在自己使用的计算机中存入一些自己喜爱的东西，并为自己的计算机起一个昵称，逐步消除与计算机的距离。

4. 每当心烦的时候，多想想一些愉快的事情，提高个人认知水平。

经过一段时间的调整，秀秀能够稳定情绪，踏实工作了。

任务安排

任务1　培养职业兴趣

一、什么叫做职业兴趣

兴趣是一个人积极探究某种事物的心理倾向。职业兴趣是一个人探究某种职业或者从事某种职业活动所表现出来的特殊个性倾向，它是个人对某种职业给予优先的注意，具有向往的情感。兴趣是最好的老师，一个人能够从事自己所喜爱的职业，是很幸福的一件事情。职业兴趣深深影响着一个人的职业活动。

1. 职业兴趣影响个人的职业选择

选择职业的时候，每个人都会受到职业兴趣的影响。小时候，当别人问道："你长大以后要做什么啊？"你的态度往往很坚定："我要当医生！"那时候，你对医生这个职业不了解，但你至少有兴趣；长大读书了，可能会选择读医学相关专业并且付出很大的努力；工作以后，你的兴趣与个人的奋斗目标相结合，最后成为志趣，获得职业成功，从而感受到强烈的职业乐趣。

2. 职业兴趣提高从业者的工作效率

职业兴趣可以使人的智力和技能得到充分发挥，而且能够激发人的潜能，使人在职业活动中情绪高涨、大胆探索、富有创造性，进而提高工作效率。有研究表明，一个人如果从事自己感兴趣的工作，能发挥其全部才能的80%～90%，并且能长时间保持高效率的工作状态而不感到疲倦；相反，如果从事不感兴趣的工作，则只能发挥个人才能的20%～30%，不但效率难以提高，而且很容易感到厌倦、疲劳，甚至出现职业倦怠心理。

3. 职业兴趣成就个人职业的发展

职业兴趣与职业成就之间有着不可分割的关系。对此，美国心理学家斯特朗研究得出："职业能力与职业兴趣的关系恰似摩托艇的发动机与驾驶员的关系。发动机相当于能力，它决定摩托艇的速度；驾驶员则相当于兴趣，它决定摩托艇的方向；摩托艇前进的距离便是成就，这种成就的大小取决于发动机与驾驶员的综合作用。"

不同的职业需要不同的职业兴趣，每个人需要认真分析自己的职业个性，最终找到自己的兴趣所在，实现个人的社会价值。

二、职业兴趣是怎么形成的

每个人对事物都有不同的兴趣倾向,有的人对职业的兴趣在儿童时期就已经产生了。那么,职业兴趣是如何形成的呢?

1. 受到家庭、学校和社会的影响

家庭成员所处的职业环境对身处其中的孩子影响很大,家庭中,父母或者其他长辈对本职工作的热爱,将成为孩子学习的榜样,促使孩子萌生最初的职业兴趣。另外,长辈们,尤其是父母亲,会根据当时社会的规范要求和价值标准等来教育和培养孩子,并将他们的社会文化灌输给自己的孩子,从而促使孩子遵循社会规则,培养合适的职业兴趣。

在《中国高技能人才楷模事迹读本》第二辑中记载着"工人发明家"代旭升的事迹:"自1972年参加工作以来,踏实勤奋,爱岗敬业,先后自主完成技术革新80多项,其中10余项获得国家实用新型专利,累计为企业创造经济效益1亿多元。他创办了'采油技能大师网站',将自己的实践经验和创新体会毫无保留地贡献出来,为企业技能人才队伍建设作出了突出贡献。"代旭升的父亲在一家钢管厂干了一辈子,他鼓励准备踏上工作岗位的17岁的代旭升:"好好干,干就干出个样子来!"父亲的叮嘱,对年轻的代旭升建立职业兴趣,树立职业理想具有很大影响。

学校教育的计划性和组织性更强,学校通过一定的步骤和方法,将社会规范、价值观和前人所积累下来的知识与技能传授给学生,从而培养学生们的职业兴趣。在学校里,学生们将初步了解自己的职业兴趣、职业性格、职业能力等心理品质,并根据个人的职业品质了解职业需求和社会职业状况,做到知己知彼,百战百胜。

在接受家庭和学校影响的同时,学生在与社会的接触中也会逐步认识职业并同时产生某些职业兴趣。目前,电视、网络、报纸等大众媒体对年轻人

的影响非常大，特别是随着互联网的普及，年轻人的职业兴趣变得多样化、个性化。

2．受到职业认知的影响

每个人的职业兴趣都处在一个发展变化的过程中。一般来说，人们对自己所喜爱的职业认知越全面、越深刻，他们对该职业的兴趣就越大；当他们对某个职业的兴趣越大、越强烈，也就越加全面、深刻地认识自己所从事的职业。所以，提高对自己所从事的职业的认知，对促进个人职业兴趣的发展十分重要。

一个人在其职业生涯的不同阶段，对职业的认知不尽相同，其职业兴趣也在不断变化。

（1）**职业生涯的成长阶段（0～14岁）**　在这个时期，孩子经由游戏、玩耍、观看各种媒体、观察家人或身边的人等方式，开始形成自我观念。比如，在游戏中"我适合什么角色""我想演什么角色""哪些角色我最讨厌"；通过观看各种媒体，崇拜一些明星或者将一些人作为榜样等。

（2）**职业生涯的探索阶段（15～24岁）**　这段时间主要在学校，通过考试、课外活动、社会实践等，孩子们对自己的能力、兴趣和性格开始有片面的、概念性的认识与了解，比如："我对音乐有兴趣""我对电脑有浓厚的兴趣""我要学理科，将来当医生""毕业后我想做一名高级网管"。

（3）**职业生涯的确立阶段（25～44岁）**　一个人经由早期的幻想、试探之后，呈现一种安定于某种职业的趋向，对职业的认知比较理性，职业兴趣发展成乐趣、志趣，所从事的职位将有所调整，但所从事的行业一般不会轻易改变，在工作上力求晋升。

（4）**职业生涯的维持阶段（45～60岁）**　这个阶段所表现的职业兴趣受职业认知的影响相当明显，有的人心态趋于保守，"不求成绩，但求无过"；有的人要面对一些失败和不如意的困境；也有人一如既往地追求个人的社会价值，保持着工作热情，任劳任怨，精益求精地工作。

（5）**职业生涯的衰退阶段（60岁以上）**　在这个阶段有的人认为能够继续

发挥个人的作用，继续留在工作岗位上，也有人想发展工作之外的新角色，保持生命的活力，以减少身心上的衰退，大多数的人选择退休，颐享天年。

3．受到专业学习和社会实践活动的影响

进入专业学习以后，特别是参加社会实践以后，人们对自己的专业以及专业对应的岗位工作有了进一步的认识和体验，这个时候对自己所喜欢职业的兴趣也将得到进一步的提高。实践证明，有一些人在接触某一职业前，并不喜欢该职业，但通过亲身的职业实践以后，才开始逐渐喜欢自己的职业，激发出个人的工作热情；相反，有的人一开始很喜欢的职业，经过实践，反而逐渐转变了兴趣。

"航天数控英才"苗俭，是中国高技能人才楷模。1992年，16岁的苗俭被上海市劳动局第二技工学校录取。当她看到"铣工班"三个字的时候，感到一头雾水，听到别人说女孩子学不好铣工专业，无法取得优越成绩，她开始迷茫了，学习的情绪受到很大的影响。后来，苗俭的一位女老师教导苗俭："只有没出息的人，没有没出息的专业，只要好好学习，不管男生还是女生，都能在技校学到真本领，都会成为有出息的人。"从此，苗俭主动学习，积极参与专业实践，渐渐地喜欢上了铣工专业，并在毕业时取得了车工、铣工、数控加工三个工种的技术等级证书。兴趣和执著，勤奋与坚持成就了这位"航天数控英才"。

 教导苗俭的老师是否说得有道理，你又是如何看待自己的专业的呢？

三、怎么培养职业兴趣

1．培养广泛的兴趣

一个具有广泛兴趣的人，往往比较自信，眼界开阔，面临职业选择的时

候，所受到的限制往往比较少。一个具有多方面职业兴趣的人需要转换工作岗位时，能够很快地进入新角色，适应新环境，胜任新工作。鲁迅先生所学专业是医学，但当看到国人受到欺压仍麻木不仁时，他弃医从文，成为我国现代文学巨匠。鲁迅先生成功转行，跟他从小喜欢文学、哲学等人文科学是分不开的。

因此，在校期间，学生注重专业学习的同时，还应该主动培养其他的兴趣，包括文艺、体育、人文科学等，积极参与学校组织的第二课堂活动，参加社团和班集体活动等，培养个人多方面的兴趣爱好。

2. 努力形成核心的兴趣

多方面的能力往往是在培养多方面的兴趣，多参与、多实践的基础上逐步形成的。兴趣广泛固然很好，但如果一味追求广泛，凡事蜻蜓点水，没有核心，便显得浮躁，很不踏实。因此，年轻的时候尽量在培养广泛兴趣的基础上，逐步形成核心的兴趣。应把自己的兴趣逐步整合起来，形成一个核心，保证学有所长，形成自己的发展方向，拥有自己的专业知识和专业技能。

3. 保持稳定的职业兴趣

形成核心的兴趣以后，还应该促使自己保持这种兴趣，千万不要朝三暮四、见异思迁。目前，有一些刚参加工作的毕业生，就业心态比较浮躁，对工作总是抱着三分钟的热度，变成"跳槽一族"。常言道："干一行，爱一行。"可是他们却"干哪行，烦哪行"，时间一长就会产生厌倦情绪。有的人毕业参加工作才两个月，却已经换了好几份工作。诚然，职业人需要选择符合自己兴趣的工作，但是坚持个人的选择，为自己的选择负责任，努力承受工作中的苦和累，勇于面对那些自己不喜欢的方面，是成就事业的必要因素。

保持稳定的兴趣，有利于我们专注自己的本职工作，发挥自身潜能，最终实现个人职业上的成功。

4. 培养切实的职业兴趣

职业兴趣是完全可以培养的。如果有了自己的职业兴趣，就应该努力让这种兴趣得到持续发展。但如果由于自己的兴趣有限，或者由于各种主观、客观方面的原因，致使无法如愿以偿地从事自己理想的职业，那也不应该自怨自艾、自暴自弃，致使自己一生无所获。对这种情况，可以通过多种途径和方法，发展和培养对所从事职业的兴趣，促使这种兴趣发展成志趣，最终挖掘出自身的内在动力，实现个人职业的成功。

能够从事自己感兴趣的职业，那是快乐而幸运的事情，如果能够把自己原本没有兴趣的工作做好，那是一件了不起的事情！一个平凡的人，每天坚持做着平凡的事情，就会成就不平凡的事业。

任务2　了解职业性格与职业性格发展

一、职业性格的内涵是什么

1. 职业性格的含义

职业性格是指人们在长期特定的职业生活中所形成的与职业相联系的、稳定的心理特征。例如，一个人对待工作总是一丝不苟、踏实认真，在待人处事中总是表现出高度的原则性且果断、活泼、负责，在对待自己的态度上总是表现为谦虚、自信、严于律己等，所有这些特征的总和就是这个人的职业性格。

2. 职业对从业者性格方面的要求

各种职业的社会责任、工作性质、工作内容、工作方式方法的不同，决定了它对从业者性格的不同要求。医生要求有救死扶伤的人道主义品质，有一丝不苟的工作态度，有高度的责任感；技术工人要求勤劳、勇敢、技术过硬；会计人员要求严谨、细致认真等。

人的性格不一样，才干、需求和偏好也会不一样，所从事的工作和外在的表现自然也就千差万别。因此，如果我们的工作与自己的性格特色、特点不匹配，那么在工作上就很难做到得心应手。有的人严谨、细致、肯钻研，对财务、编辑程序和整理数据等工作往往容易适应；有的人对协调人际关系却很有手段和耐心，从事人事部门工作很合适，还有的人热衷于市场推广且善于交流，适合从事市场营销以及客户服务等方面的工作。

二、职业性格的类型有哪些

一个人的性格受先天遗传、后天积累的经验以及周围环境的相互影响，通过有意识和潜意识构成。不了解自己性格的人，总是认为自己的性格很复杂，其实每个人都拥有属于自己的"性格特点"，无论时间如何流逝，除重大事件的影响以外，每个人一直保留着那个"真实的自我"，保持着基本特点的稳定性。一般地，一个人所表现出来的职业性格有如下几种类型。

职业性格类型	性 格 表 现	适 应 职 业
传统型	1．偏好规范、有序、清楚明确的活动 2．顺从、高效、实际、缺乏想象力、缺乏灵活性 3．习惯选择与组织机构、文件档案和日程表之类的东西打交道的工作	办公室职员、图书管理员、税务员、统计员、出纳员、秘书以及打字员、校对人员等
研究型	1．偏好需要思考、组织和理解的活动 2．分析、创造、好奇、独立 3．习惯选择科学研究和实验工作	气象学者、天文学者、地质学者以及物理学、生物学、化学、数字、航天等学科的科学工作者
艺术型	1．偏好需要创造性表达的模糊且无规则可循的活动 2．富于想象力、无序、理想主义、情绪化、不实际 3．习惯选择艺术创作、表演、设计等类型的工作	广告与室内设计和装饰人员、诗人、作家、演员、记者、音乐创作与制作人员，书画、雕塑、舞蹈、摄影等各类艺术工作者
社会型	1．偏好能够帮助和提高别人的活动 2．社会活动能力强、友好、善于合作 3．适合从事与人打交道和为人办事的工作，即教育人、医治人、帮助人、服务人的工作	教师、医生、护士、律师、服务员、公关人员以及社团工作者和社会活动家等
企业型	1．偏好能够影响他人和获得权力的活动 2．自信、进取、精力充沛、盛气凌人 3．适合选择管理、决策方面的工作	国家机关及机构负责人、党团干部、经理、厂长、推销员以及宣传员、推广员等

（续）

职业性格类型	性格表现	适应职业
现实型	1．偏好技能、力量、协调性的体力活动 2．害羞、真诚、持久、稳定、顺从、实际 3．适应从事熟练的手工工作和技术工作	制图员、绘图员、司机、电工、车工、铣工、运输工、产业工人、木工、修理工等

三、如何分析与培养个人的职业性格

1．职业性格分析

如果你能了解自己的性格，并力图使之和工作的要求相互匹配起来，那么你就能在工作中保持快乐的心情，同时加强并发挥与生俱来的性格优势，控制性格优势过度行为，工作表现一定能得到领导的肯定和赞赏。如果你想在职场上快速胜出，首先要认清那个真实的自我，其次要明确在哪种环境下工作能最大限度地发挥自己的性格优势。比如，在准备学做会计之前，你是否思考以下这些问题：

1）我为什么要做会计？
2）我是否具备当会计的条件？
3）我的性格特点是否适合当会计？
4）我当会计的最大障碍是什么？
5）我当会计的最大优势是什么？

英国著名诗人济慈本来是学医的，后来他发现自己有写诗的才华，就当机立断，用自己的整个生命去写诗。他虽不幸只活了二十几岁，却为人类留下了大量不朽的诗篇。马克思年轻时曾想做一个诗人，也努力写过一些诗。但他很快就发现自己的长处其实不在这里，便毅然放弃做诗人的念头，转到社会科学的研究上面去了，最终创立了马克思主义。

如果他们两个人没有认识到自己的性格特点，情况最终会怎样呢？

是啊，英国至多不过增加一位不高明的外科医生，德国至多不过增加一位蹩脚的诗人。因此，只有真正了解自己的性格，才能客观地做出判断和选择，并知道如何利用自己的性格优势，如何改善自己的性格短处！一个人了解自己的性格，才能够从失败中总结教训，进而不断地检讨自我、改善自我，最终能够更准确地把握自我。

一般来说，性格外向，行动迅速、果断，反应灵活，情感丰富易兴奋的人，极易适应环境，但注意力不稳定，兴趣易转移。他们不适宜从事机械性的工作和要求细致的工作，如打字员、校对员、检查员、化验员、数据登记人员、文字排版人员、机要秘书等。一个性格内向，行动缓慢，相对刻板而不灵活、情感细腻、做事谨慎小心，观察力敏锐的人，不太适合从事那些需要较强语言表达能力的职业，如管理、销售、导游、外交、指挥、记者等。简而言之，外向性格的人，在需要手部动作灵活、语言反应迅速、判断快速果断的工作岗位上，比内向性格的人更具有相对的优势，而在需要精细、认真、持久的工作岗位上，性格内向的人又更适合一些。

因此，在做职业选择的时候，应该充分了解自己的性格特征。那么，如何了解自己的性格特征呢？首先，需要不断地反思自己一直保留着的那个"真实的自我"；其次，可以通过与人沟通，比如老师、家人、同学，特别是那些已经工作的师兄师姐们，这些人对你了解较多，对职业也比较了解，往往能够给予很好的建议；再次，可以利用职业测评等方式，了解自己的职业个性。如果学校没有提供这些测评方法，可以到一些求职网站或者专门提供职业测评的网站上寻求帮助。

2．职业性格的培养

认识自己的性格有利于反省自己，提高性格修养，更加适应岗位要求，改善人际关系。这是学生在学习阶段应该关注的事情。因为每个人的性格都有积极和消极两个方面，根据木桶原理，一只木桶中水面的高低取决于木桶中最短的那块木板长短。所以，对人而言就是说每个人的短处往往会限制他的发展，因此，必须学会补短扬长。例如，有的人在工作中积极热情、乐于助人、好出头露面，但做事持久性不长，常表现得虎头蛇尾，这种人就应该注意锻炼自己持久性的品格意志；有的人办事热情高、拼劲足、速度快，但有时马马虎虎，甚至遇事就着急，性情暴烈，这种人就应该注意培养认真仔细的态度，控制自己的急躁情绪；有的人做事深沉、认真、严谨，但有时优柔寡断、办事拖拉，这种人必须经常提醒自己"今天的事今天完成"，并逐步养成当机立断的性格。

如何培养并完善自己的职业性格呢？以下介绍一些途径和方法：

（1）**逐步完善自己的职业认知**　性格是一个人的职业素质中最核心、最具稳定性的内容。但每个人的职业性格都处在一个不断发展变化的过程中。如果对自己所向往的职业有一个全面、深刻的认知，就会主动了解该职业对从业者的性格及其他要求，并且能积极主动地调适自己的性格，以适应职业的要求。可以说，调适个人性格适应职业要求，也是取得职业成功的必要条件。

在学习专业知识的同时，应该深入了解所学专业对应的职业对从业者的性格要求，努力发扬、巩固那些与职业要求相适应的性格特征，主动调适、完善那些跟职业要求不一致的性格特征，最终让自己的性格特征与职业要求达到高度统一，取得成功，实现个人的社会价值。

（2）**向榜样和前辈学习**　每位从业者身边都有很多榜样，比如父母、校友、同行业中的一些先进人物。在这些人当中，有的是所学专业与个人从事的职业群一致，他们的性格特征与职业要求基本相符；有的人原有的性格特征与后来所从事的职业不一致，但经过不断地调整和完善自己的性格，最终适应了职业的要求，取得成功；有的人原以为自己的性格不适合从事某职业，但经过职业实践，发现自己的性格与该职业比较一致，从而热爱工作，取得了职业成功。从业者可以从他们身上获得经验性的知识，以加深、完善自己对职业的认知，促使自己自觉完善个人性格。

（3）**加强职业实践，提高职业素养**　参与职业实践，是获得职业认知的最直接、最有效的途径。学生在学习期间，应该注重个人的专业实践，积极参与专业活动，还应该寻找一些社会实践机会，了解自己所学专业相关职业群对从业者性格方面的要求，通过实践不断完善自己的性格，为将来走上工作岗位做好充分的准备。

全国劳动模范黄德智，广东鹤山人，1998～2001年就读于广州番禺职业技术学院模具设计与制造专业。大学二年级时，学校开设Mastercam课程，当时这项技术刚流行，学习资料不多，黄德智此前从未接触过电脑，但他深知掌握这项技术的重要性，他极其珍惜每一次上机实操的机会，跟伙伴们一起互帮互助，探究钻研问题，熟练掌握了软件的操作技能。在学习和实践中，黄德智逐渐养成了认真扎实、刻苦钻研的性格，这种珍贵的性格成就了他事业的辉煌。

任务3　认识职业生涯设计

一、职业生涯的内涵是什么

狭义：一个人一生中担负的职业和工作职务的发展道路。

广义：从职业能力的获得、职业兴趣的培养、选择职业、就业，直至最后完全退出职业劳动的完整的职业发展过程。

二、为什么要设计职业目标

没有目标的人生如同航行在茫茫大海中的孤舟，没有方向，不知所终。明确而又合适的目标是我们人生旅途中的灯塔，指引我们走向成功。我们先来看一个故事：

比赛尔是西撒哈拉沙漠中的一颗明珠，每年有数以万计的旅游者来到这儿。但在肯·莱文发现它之前，这里还是一个封闭而落后的地方。这儿的人没有一个走出大漠，据说不是他们不愿离开这块贫瘠的土地，而是尝试过很多次都没有走出去。

肯·莱文当然不相信这种说法。他用手语向这儿的人问原因，结果每个人的回答都一样：从这儿无论向哪个方向走，最后都还是转回出发的地方。为了证实这种说法，他做了一次实验，从比赛尔村向北走，结果三天半时间就走了出去。

比赛尔人为什么走不出来呢？肯·莱文非常纳闷，最后只得雇一个比赛尔人，让他带路，想知道到底是为什么。他们带了半个月的水，牵了两只骆驼，肯·莱文收起指南针等现代设备，只拄一根木棍跟在后面。

十天过去了，他们走了大约800mile的路程，第十一天的早晨，他们果然又回到了比赛尔。这一次肯·莱文明白了，比赛尔人之所以走不出大漠，是因为他们根本就不认识北斗星。

在一望无际的沙漠里，一个人如果凭借着感觉往前走，他会走出许多大小不一的圆圈，最后足迹十有八九是一把卷尺的形状。比赛尔村处在浩瀚的沙漠中间，方圆上千公里没有一点参照物，若不认识北斗星又没有指南针，想走出沙漠，确实是不可能的。

肯·莱文在离开比赛尔时，带了一位叫阿古特尔的青年，就是上次和他合作的人。他告诉这位青年，只要你白天休息，夜晚朝着北方那颗星走，就能走出沙漠。阿古特尔照着去做，三天之后，果然来到了大漠的边缘。阿古特尔因此成为比赛尔的开拓者，他的铜像被竖在小城中央。铜像的底座上刻着一行字：新生活是从选定方向开始的。

从我们上小学的时候，学校和老师就教导我们做一个有理想的人，鼓励我们设计远大的人生目标，我们在埋头读书中一天天长大，期间也萌生过这样那样的愿望。然而，又有多少人真正懂得目标的意义呢？请看下面的跟踪调查情况，大家就能清楚地知道，目标的有无差别有多大。

哈佛大学有一个非常著名的关于目标对人生影响的跟踪调查。调查对象是一群智力、学历、环境等条件都差不多的年轻人，调查结果是这样的：

3%的人有清晰且长期的目标，25年来他们从未改变过目标，总是都朝着一个方向不懈地努力，25 年后，他们几乎都成了社会各界的顶尖成功人士，他们中不乏创业者、行业领袖、社会精英。

10%的人有清晰的短期目标，这些人大都生活在社会的中上层。他们的共同特点是：不断完成预定的短期目标，生活状态步步上升。25 年后，他们成为了各行各业不可或缺的专业人士，如医生、律师、工程师、高级主管等。

60%的人目标模糊，他们能安稳地生活与工作，但都没有什么特别的成绩。

剩下的 27%，是那些 25 年来都没有目标的人群，他们几乎生活在社会的最底层。生活过得很不如意，常常失业，靠社会救济，并且常常都在抱怨他人，抱怨社会，抱怨世界。

调查者得出结论：目标对人生有巨大的导向性作用。

无独有偶，在美国一本名为《无限的能力》的畅销书中，提到这样一个例子。1953 年有人对耶鲁大学应届毕业生进行了一份问卷调查："你毕业后的目标是什么？"统计结果有 3%的学生有明确的目标，97%的学生基本上没有明确目标。20 年以后，有人去追踪所有参加了问卷学生的现状，结论使人十分吃惊，3%的人拥有财富的总和比 97%的人拥有的财富总和还多得多。20 年前仅是目标的有和无，20 年后却形成了如此大的差异。

加拿大幽默大师史蒂芬·利柯库曾说，人生的进程实在很奇妙，孩童时常说：如果，我长大了，要如何、如何……；到了少年期则说：如果我会赚钱的话，要如何、如何……；成年之后又说：我结婚以后要如何、如何……；结婚以后呢？只有再延续下去，等我退休以后……；他终于退休了。当他回顾过去的景致时，只觉得一片朦朦胧胧，像冷风吹过，犹如轻烟弥漫一般，根本看不到他当初所界定的东西，待他领悟人生其实就是当日当时的生活连续的时候，他距离永远地离开这个世界的日子已经为期不远了。

 你希望就此虚度一生吗？你的人生该怎样度过呢？

职业道德与职业素养

三、职业生涯设计有哪些策略

正如一场战役、一场足球比赛都需要确定作战方案一样，有效的生涯设计也需要有确实能够执行的生涯策略，这些具体且可行性较强的策略会帮助你一步步走向成功，实现目标。根据个体的现实差异，可以选择的有效策略多种多样，但是大致可以分为三类：

1. 一步到位型的设计

针对现有条件下可以达成的职业目标，动用现有资源很快得于实现。比如希望成为机电技师，就可直接进入机电方面的企业工作，从而使你的设计一步到位。

1982年，20岁的陈新海从一所技工学校毕业后直接被分配到沈阳机床集团当上了一名维修钳工。他立志岗位成才，28年来，勤勤恳恳地工作。在维修工作中，他看到进口设备因为故障停产而影响企业效益时，心里很着急。外国专家垄断维修技术，通过卖配件赚取修理费，维修周期长、费用贵。"中国人为啥整治不了洋设备？为什么就要被外国人牵着鼻子走？"陈新海下决心要摸清这些"洋设备"的"脾气"，他立志成为这些设备的主人。于是，他开始不断地刻苦钻研进口设备的维修技术，最终为企业省下维修成本1800多万元，还间接为企业创造价值8000多万元。

虽说不是一帆风顺，但陈新海一毕业就选择了专业对口的企业，一头扎进去，默默耕耘28年，在专业技术成长方面是属于一步到位型的。

 你确定了自己的职业目标了吗？

2. 多步趋近型的设计

对于那些目前无法实现的目标，先选择一个与目标相对接近的职业，然后逐步趋近，以达成自己的理想目标。比如，想做企业老板，但目前没有足够的资本和经验，怎么办呢？可以先给别人打工，积累资源和经验。

第一次创业失败以后，学会计专业的小卢决定用自己仅剩的几百元钱买一辆三轮车，跟着自己的父亲一起收购垃圾。他每天不怕日晒雨淋，也不怕别人的闲言碎语，早出晚归，默默地工作着。他是老板，但没有一个固定的帮工，搬搬抬抬的事情大都是自己一个人完成的。他希望能够靠自己的努力，积累一笔再次创业的资金。

两年后，小卢利用自己收购垃圾积累下来的资金与朋友们一起创办了一家生产工作制服和安全生产制服、鞋帽等产品的工厂。小卢被大家推举为厂长，从此踏上了他的第二次创业之路。

 小卢这种多步趋近，实现职业理想的行动是否值得你借鉴？为什么？

3. 从业期待型的设计

在自己无法实现理想目标，也没有相近的职业可以选择的情况下，先选择一个职业投入工作，也就是找到一个切入点，等待机会，最终实现自己的理想目标。比如，自己想去外企发展，但由于技术和经验达不到外企的要求，或者英语水平不达标。这时你可先进入一家民营企业先学习技术、积累经验，再利用业余时间学习英语，努力提高自己的英语水平，等达到外企的要求后再寻求发展机会。

由于家庭经济原因，一心想读重点高中、将来从事教师职业的小梁，以700多分的成绩，选择就读一所技师学院，所学专业是电子电讯。刚开始，他怀着失落、悲观的心情，不能自拔。在班主任以及任课老师的帮助下，他终于振作起来，开始努力学习。毕业后，小梁选择从事手机销售工作。一年后，他在一位从事模具制造行业前辈的劝说和支持下，进行事业转型，放弃了手机销售工作，开始了模具设计生涯。这是个零的开始！一切将从零开始！

尽管心底仍有一丝对营销行业的不舍，但面对全新的挑战，小梁非常努力。他原本就是一个善于钻研的男孩。两年后，他从一无所知到精通各种模具结构，对塑胶、合金、压铸等模具的设计和加工的生产步骤十分熟悉；并能熟练运用 Mastercam、UG、Pro/Engineer 等软件进行各种模具设计。

从事模具专业后，小梁先后在中国香港、日本等地的公司任职，期间还参加大学工商管理专业自学考试并取得研究生学历，目前在一所技师学院担任模具设计与制造专业的教师。小梁一直没有放弃自己的职业理想，一步步地实现自己的理想。

四、如何进行职业生涯设计

1. 最关键的基础是知己知彼

（1）了解自己　每个人都具有不同的职业特质，其职业价值观、职业气质和性格以及职业兴趣都是不同的。并且，每个人还具有不同的智商、情商和逆境商。可以说，客观地审视自我，分析自己的职业潜能，是了解自己的职业倾向和成功选择职业生涯的前提。

许多职业咨询机构和心理学专家进行职业咨询和职业规划时，常常采用的一种方法就是有关 5 个"WHAT"的归零思考的模式：

先从自己是谁开始，然后一路问下去，共有五个问题：

Who am I？（我是谁？）

What do I want？（我想干什么？）

What can I do？（我能干什么？）

What can support me？（环境支持或允许我干什么？）

What can I be in the end？（最终的职业目标是什么？）

回答了这五个问题，找到它们的最高共同点，就有了自己的职业生涯设计。

对于第一个问题——"我是谁？"应该对自己进行一次深刻的反思，有一个比较清醒的认识，优点和缺点都应该一一列出来。

第二个问题——"我想干什么？"是对自己职业发展的一个心理趋向的检查。每个人在不同阶段的兴趣和目标并不完全一致，有时甚至是完全对立的。但随着年龄和经历的增长而逐渐固定，并最终锁定自己的终生目标。

第三个问题——"我能干什么？"则是对自己能力与潜力的全面总结，一个人职业的定位最根本的还要归结于自己的能力，而自己职业发展空间的大小则取决于自己的潜力。对于一个人潜力的了解应该从几个方面着手，如对事的兴趣、做事的耐力、临事的判断力，以及知识结构是否全面、是否能及时更新等。

第四个问题——"环境支持或允许我干什么？"这种环境支持在客观方面包括本地的各种状态，比如经济发展、人事政策、企业制度、职业空间等；在主观方面包括同事关系、领导态度、亲戚关系等，两方面的因素应该综合起来考虑。有时我们在做职业选择时常常忽视主观方面的东西，没有将一切有利于自己发展的因素调动起来，从而影响了自己的职业切入点，而在国外通过同事、熟人的引荐找到工作是最正常也是最容易的事。当然，我们应该知道这和一些不正常的"走后门"等歪门邪道有着本质的区别。这种区别就是环境支持是建立在自己的能力之上的。

明晰了前面四个问题，就可以从各个问题中找到对实现有关职业目标有利和不利的条件，列出不利条件最少的、自己想做而且又能够做到的职业目标。那么，第五个问题——"最终的职业目标是什么？"自然就有了一个清晰明了的框架。

职业生涯设计的第一步，首先是正确了解自己，我们将从正确了解自己开始引领你走完职业生涯设计的全部路程。

（2）**了解职业要求**　　了解自己很重要，但仅仅了解自己，还远远不够，还应该更加细致、全面地了解自己从事的职业。先从了解行业开始，再了解职业，再具体了解岗位。

如果你是一位机械或电子专业的学生，你的目标是成为"机械或电子高级技师"，那么你应该弄清楚几个问题：

1）在学校里我需要掌握和了解哪些课程以及学习哪些技能？

2）如何获得目前老师在这方面给予自己更多的帮助和引导？

3）就业前，我需要参加哪些培训、学习、考核才能够最终获得技师资格？

4）我在成为技师的发展路上需要排除哪些来自内部和外部的障碍？

5）机械或电子高级技师的职业性格和职业能力要求是怎么样的？

6）如何求得我所在公司的上司和师傅、工友在这方面给自己需要的帮助？

7）如何在我所处的企业寻得有利于自己目标实现的机会？

8）一个高级技师应具有怎样的经验水平？自己怎样做才能符合这个条件？

知己知彼，是做好职业生涯设计的基础，两者缺一不可。可以说对自己了解更多、更客观，对自己将来所接触的行业、职业、岗位了解越全面、深入，职业生涯设计也就越合理，越具有指导意义。

2．最难的环节是制订职业目标和行动方案

职业生涯目标包括人生目标、长期目标、中期目标与短期目标，它们分别与人生规划、长期规划、中期规划和短期规划相对应。一般，我们首先要根据个人的专业、性格、气质和价值观以及社会的发展趋势确定自己的人生目标和长期目标，再把人生目标和长期目标进行分化，根据个人的内在和外在的条件，制订出相应的中期目标和短期目标。

（1）**人生目标** 整个职业生涯的目标，时间长至四十年左右，设定整个人生的发展目标，如成为一个有数亿资产的公司董事。

（2）**长期目标** 5～10年的目标，主要设定较长远的目标，如30岁时成为一家中型公司的部门经理，40岁时成为一家大型公司副总经理等。

（3）**中期目标** 一般为2～5年内的目标，如到不同业务部门做经理，并从大型公司部门经理到小公司总经理等。

（4）**短期目标** 两年以内的目标，主要是确定近期目标，规划近期完成

的任务，如对专业知识的学习，两年内掌握哪些业务知识，近期参加哪些学习，获得哪些方面的成绩等。

在确定以上各种类型的职业生涯目标后，就要制订相应的行动方案来实现它们，把目标转化成具体的方案和措施。

小吴虽然是电子通信专业的学生，但他个人的兴趣在市场营销方面，经过职业测评和生涯选择平衡单测评，他给自己制订了职业生涯设计方案。首先，他利用节假日进行细致的市场调查。如何做好通信设备售后服务，通信设备市场是否具有开发潜力，手机市场中的主要竞争者有哪些；其次，根据调查资料，他与家人、同学、老师充分地讨论，论证了自己的职业方向，最后他把自己奋斗的目标锁定在通信设备经营方面，他希望通过不懈的努力成为一名通信设备的经营者；再次，小吴确立了职业方向以后，根据自身的情况，确立了自己的职业目标，包括岗位、待遇、技术情况、社会效应、家庭目标等。

确立职业发展时期的具体目标：

职业前期（21~26岁）：经过奋斗，成为手机销售主任，供妹妹读书，在城市供楼房。

立业期（26~35岁）：完成大学本科学业，考取高级营销员证书，进入国际性的手机厂家工作或成为一名手机行业的销售总监。

中期（35~50岁）：尝试经营自己的企业，以高科技产品为主要方向。

后期（50~60岁）：主要从事人才培养、企业策划等工作。

为了保证目标的最终实现，他为自己制订相应细致的行动方案，以下是他第二学期专业学习的目标与行动方案。

第二学期目标	1. 熟悉专业操作 2. 完成学习任务，有目的地进行实践锻炼 3. 期末考出好成绩，取得班级第一名 4. 获得学业奖学金一等奖

（续）

行动方案	1. 五一假期进行社会调查与实习 2. 每晚除了上公共选修课外，继续参加营销协会活动，提高自己沟通能力 3. 继续学习专业课程，对近一个月的学习工作情况进行小结 4. 找期末专业课程设计题材，准备设计方案 5. 复习巩固上学期所学专业课程 6. 熟练掌握手机市场销售新动向 7. 帮助未完成任务的同学完成任务，并开始着手进行期末总复习，为期末考试做准备

想一想　你应该如何为自己制订一个具体的行动计划？

3. 最完善的职业生涯设计需要目标的评估与反馈

个人事业的成败，很大程度上取决于有无正确的目标。没有目标如同驶入大海的孤舟，没有方向，不知道自己走向何方。只有树立了目标，才能明确奋斗方向，犹如海洋中的灯塔，引导你避开险石暗礁，走向成功。

在人生的发展阶段，由于社会环境的巨大变化和一些不确定因素的存在，会使现在的目标与原来制订的职业生涯目标与设计有所偏差，这时需要对原先的职业生涯设计方案进行评估，并做出适当的调整，以更好地满足自身发展和社会发展的需要。对职业生涯设计方案的评估与反馈过程，实际上就是个人对自己不断认识的过程，也是个人对社会不断认识的过程，是使个人职业生涯设计更加有效的有力手段。

读会计专业的小惠，毕业前在一家科教用品生产公司顶岗实习了三个月，受到老板的欣赏，同事们的喜爱。她本人对会计工作还算满意，如果努力工作，她认为自己可以在两年内取得不错的成绩，担任会计主管职务。然而，从长远来看，小惠感到自己并不十分喜欢做会计工作，她想趁年轻时多学一门专业技能，找一份自己钟爱的、稳定的工作。小惠在学校做职业生涯设计的时候，就做好了修正设计的方案，当时她计划如果适合做会计工作，她会继续深造并取得助理会计资格，进而再努力取得会计师、注册会计师资格，但如果认为自己不喜欢或不适合做会计，她会在参加工作一年内进行改变，准备从事贸易跟单工作。在学校的时候，她在获得会计上岗资格证书后，也考取了贸易跟单员资格证书。

 你的职业发展过程会出现什么样的困难？你有什么解决方案？

五、如何使用职业生涯选择平衡单

"条条大路通罗马"，当你知己知彼以后，会发现自己有数个方向可以发展，如何做抉择呢？你可以使用职业生涯选择平衡单，可以试着用给"分数"的方法帮助你做决定。将每个选择的得失利弊用分数的高低来表示，这种选择方式称为"职业生涯选择平衡单法"，见下表：

职业生涯选择平衡单（原始分数）

姓名：　　　　　　　　　　班级：

专业：　　　　　　　　　　日期：

考虑选项	职业一		职业二		职业三	
	得（+）	失（-）	得（+）	失（-）	得（+）	失（-）
适合个人兴趣						
适合个人性格						
符合个人能力						
符合个人价值观						
环境阻力						
合计						
总分						

你需要客观地依照适合自己的兴趣、性格、能力、价值观、实现职业的环境阻力等因素为自己打分，认为适合自己的用 0～5 的正值。程度越

高，分数值越高；认为不适合自己的用-5～0的负值，程度越高，分数值就越小。

考虑的选项也是根据实际情况和需要的变化而变化。但这个平衡单还只是一个原始分数统计，需要作一些修正。因为每个考虑选项的重要程度并不一样，比如你特别看重职业兴趣，渴望从事自己感兴趣的工作，你可以加大这个选项在总分中的比例，根据选项的重要程度进行加权，重要性越强，系数就越大，加权表如下：

加权后的职业生涯选择平衡单

姓名：　　　　　　　　　　班级：

专业：　　　　　　　　　　日期：

考虑选项（加权范围1～5倍）	职业一		职业二		职业三	
	得(+)	失（-）	得(+)	失（-）	得(+)	失（-）
适合个人兴趣（×5）						
适合个人性格（×3）						
符合个人能力（×3）						
符合个人价值观（×3）						
环境阻力（×2）						
合计						
总分						

通过平衡单的计算，你基本上可以确定自己的选择，明确自己的发展方向了。现实生活中，我们还会遇到其他选择，比如择偶，如果不能确定下来，也可以选择这种平衡单的方式，让自己看清楚自己内心真正的需求。

毕业生小吴在进行职业生涯设计的时候，遇到过这样的难题：他的专业是电子技术，他的兴趣和特长却在营销方面。经过充分讨论和分析，小吴把自己的职业目标设定为：从事营销类工作。

除了分析自己的职业兴趣、职业性格和职业能力以外，小吴在职业指导教师的指导下填写了一张"职业生涯选择平衡单"。

职业生涯选择平衡单（原始分数）

姓名：　　　　　　　　班级：

专业：　　　　　　　　日期：

考虑选项	电子技术工作		市场营销工作		管理类工作	
	得（+）	失（−）	得（+）	失（−）	得（+）	失（−）
适合个人兴趣		−1	5		5	
适合个人性格		−1	5		5	
符合个人能力		−2	4	−1	2	−3
符合个人价值观	3		3	−2	3	−2
环境阻力		−1	2	−3	1	−4
合计	3	−5	19	−6	16	−9
总分	−2		13		7	

由于小吴特别看重职业兴趣，他渴望从事自己感兴趣的工作，因此他需要加大这个选项在总分中的比例。下面就是小吴加权后的职业生涯平衡单。

加权后的职业生涯选择平衡单

姓名：　　　　　　　　班级：

专业：　　　　　　　　日期：

考虑选项（加权范围1～5倍）	电子技术工作		市场营销工作		管理类工作	
	得（+）	失（−）	得（+）	失（−）	得（+）	失（−）
适合个人兴趣（×5）		−5	25		25	
适合个人性格（×3）		−3	15		15	
符合个人能力（×3）		−6	12	−3	6	−9
符合个人价值观（×3）	9		9	−6	9	−6
环境阻力（×2）		−2	4	−6	2	−8
合计	9	−16	65	−15	57	−23
总分	−7		50		34	

通过加权后的平衡单,我们可以看到最适合小吴的选择是:市场营销工作,其次是管理类的工作,最次是与他个人所学专业对应的电子技术工作。从这个职业选择来看,小吴如果能够从事电子产品销售方面的工作,具有很大的优势。

> **想一想** 如果你现在面临出国、升学、就业这三个发展方向,你将如何利用职业生涯选择平衡单为自己作抉择呢?

思考与训练题

一、思考题

1. 怎样培养职业兴趣?
2. 有人说,职业性格是天生的,无法改变,你认为这个观点正确吗?
3. 职业性格有哪些类型?每个类型都有哪些特点?

二、技能训练题

1)请你通过采访或者网络、资料搜索等方法,寻找你所学专业的对应岗位有哪些,这些岗位需要哪些条件,你本人目前存在哪些差距,对应的措施有哪些。

专业对应岗位要求

班级: 专业:
学号: 姓名:

岗 位	1	2	3	4	5	6
岗位要求描述						

（续）

岗　位	1	2	3	4	5	6
对比差距						
对应措施						

2）**完善与调试自己的性格**：请你结合自己平时的了解和经验，分组交流所学专业相关职业群对性格的要求，并针对个人性格制订出职业性格调适、培养的计划。

内　容	个 人 性 格	职 业 性 格
应有或现有		
不足或差距		
原因		
措施和方法		
时间		

3）职业兴趣测试：以下是六个岛屿的描述，看准了，哪个岛是你最想去的，哪个岛是你最不想去的？

①R岛：自然原始的岛屿。岛上保留有热带的原始植物，自然生态保持得很好，也有相当规模的动物园、植物园、水族馆。岛上居民以手工见长，自己种植花果蔬菜、修缮房屋、打造器物、制作工具，过着质朴简单的生活。

②I岛：深思冥想的岛屿。岛上人迹较少，建筑物多僻处一隅，平畴绿野，适合夜观星象。岛上有多处天文馆、科博馆以及科学图书馆等。岛上居民都喜好沉思、追求真知，喜欢和来自各地的哲学家、科学家、心理学家交换心得。

③A岛：美丽浪漫的岛屿。岛上充满了美术馆、音乐厅，弥漫着浓厚的艺术文化气息。同时，当地的原住居民还保留了传统的舞蹈、音乐与绘画，许多文艺界的朋友都喜欢来这里寻找灵感。

④S岛：温暖友善的岛屿。岛上居民个性温和、十分友善、乐于助人，社区均自成一个密切互动的服务网络，人们多互助合作，重视教育，弦歌不辍，充满人文气息。

⑤E岛：显赫富庶的岛屿。岛上的居民热情豪爽，善于企业经营和贸易。岛上的经济高度发展，处处是高级饭店、俱乐部、高尔夫球场。来往者多是企业家、经理人、政治家、律师等，衣香鬓影，夜夜笙歌。

⑥C岛：现代、井然的岛屿。岛上建筑十分现代化，是进步的都市形态，以完善的户政管理、地政管理、金融管理见长。岛民个性冷静保守，处事有条不紊，善于组织规划。

选择最想去和最不想去的两个岛屿体现了你最喜欢（最可能做得好）和最不喜欢的职业活动类型。通过对照每个岛屿代表的职业兴趣，可以重新观察自己所喜欢和不喜欢的职业内容，帮助自己在职业定位的时候更清晰自己的方向。

①选择 R 岛的人：实用型（Realistic）。

喜欢的事情：愿意从事事务性的工作，喜欢户外活动或操作机器，而不喜欢在办公室工作。

喜欢的职业：制造业、渔业、野外生活管理业、技术贸易业、机械业、农业、林业等行业的技术人员。

②选择 I 岛的人：研究型（Investigative）。

喜欢的事情：处理信息（观点、理论），喜欢探索和理解、研究那些需要分析、思考的抽象问题，喜欢独立工作。

喜欢的职业：实验室工作人员、生物学家、化学家、社会学家、工程师、物理学家和程序设计员。

③选择 A 岛的人：艺术型（Artistic）。

喜欢的事情：创造，喜欢自我表达，喜欢写作、音乐、艺术和戏剧。

喜欢的职业：作家、艺术家、音乐家、诗人、漫画家、演员、戏剧导演、作曲家、乐队指挥和室内装潢人员。

④选择 S 岛的人：社会型（Social）。

喜欢的事情：帮助别人，喜欢与人合作，热情关心他人的幸福，愿意帮助别人解决困难。

喜欢的职业：教师、社会工作者、牧师、心理咨询员、服务行业人员。

⑤选择 E 岛的人：企业型（Enterprising）。

喜欢的事情：喜欢领导和影响别人，或为了达到个人或组织的目的而善于说服别人。希望成就一番事业。

喜欢的职业：商业经理、律师、领导者、营销员、市场或销售经理、公关员、采购员、投资商、电视制片人和保险代理。

⑥选择 C 岛的人：常规型（Conventional）。

喜欢的事情：组织和处理数据，喜欢固定的、有秩序的工作或活动，希望确切地知道工作的要求和标准。愿意在一个大的机构中处于从属地位。

喜欢的职业：会计、出纳、簿记、行政助理、秘书、档案文书、税务员和计算机操作员。

先展开思考并讨论：每个小组选派两名代表说说自己的选择，并说明原因。在全班范围内寻找第一选择与自己相同的同学，临时组成小组讨论，尝试用几个关键词描述你们共同的兴趣。了解其他组同学的选择，进行讨论并分享。

单元 2　职业能力的培养

 知识目标

1．了解职业能力概念；
2．合理认知职业资格认证制度；
3．认识职业特征。

 技能目标

1．掌握个人职业特征的分析方法；
2．掌握职业能力训练的途径和方法。

 职业感言

员工能力与责任的提高，是企业成功之源。

——IBM 公司

小徐和小魏

小徐和小魏是同班同学，所学专业是电子商务。毕业后，两人同时被一家公司录取，担任产品销售工作。一年后，公司进行人事调整，小徐下岗了，而小魏留在公司。小徐很不服气："我和他一起来公司，工作能力差不多。他留下，我却被辞退。"他找领导问原因，领导的回答令他惊讶："小魏有职业资格证书！"小徐争辩说："我和小魏是同一所职业学院毕业的，他学的，我也学了，他能干的，我也能干……""我们都学过会计课程，我只不过没有参加考核鉴定罢了……"领导耐心地说："你讲的是事实，但你到底怎样，我说了不算，你说了也不算。现在咱们单位缺财会人员，如果你能取得会计从业证书，单位可以安排你重新上岗。"小徐不服气："证书比能力还重要吗？"

其实，小徐有所不知，不用说在中国，就是在世界许多发达国家，没有相应的职业资格证书，即便是具有一定的工作经验，也不一定会被录用。因此，小徐应该重新做一些选择：

1. 如果想继续从事会计行业的工作，就应该参加会计人员从业资格的考核鉴定，获取会计从业资格证书。

2. 如果觉得考证有困难的话，只能再择业，从事不需要资格证书的工作，或者从事与自己已有资格证书相对应的工作。

经过思考，小徐决定根据现在用人单位的用人标准，报名参加会计资格考试，将来从事会计方面的工作。

任务安排

任务1　了解职业能力概念

一、什么叫做职业能力

心理学把那些能够直接影响活动效率并使活动顺利完成的个性心理特征

称为能力。按照能力倾向进行分类，能力分为一般能力和特殊能力，一般能力包括注意力、记忆力、想象力、思维能力、观察力等；特殊能力指完成某种职业所需的特定能力，也称为职业能力。

职业能力是在学习活动和职业活动中发展起来的，并直接影响职业活动的效率，使职业活动得以顺利完成的个性心理特征。职业能力表现在相应的职业活动中，从事同一职业的人们，在其他条件相同的情况下，如果其职业兴趣、职业性格不同，职业能力也会形成一定的差异。

二、职业能力有哪些类型

1. 基本职业能力

各行各业所需要的职业能力都有所不同，但是其中有一些共同需要的能力，这些共同需要的能力实际上就是所有劳动者都应该具备的，其中包括：

（1）**执行操作能力**　执行操作能力是指可以将设计、规划、决策转化为具体的产品或服务的能力。也就是说，你通过自己的设想和操作，最终达到自己和企业所预期的目标，最终形成产品和服务。执行操作能力包括对任务的理解能力，了解办事程序能力，在与物打交道时具有操作使用工具的能力，在与人打交道时具有的沟通和交往能力，以达到解决问题，实现目标的目的。

比如作为教师，必须懂得教书育人，必须具备本学科的相关知识和技能，必须具备课堂的调控能力等。

执行操作的前提是对任务的理解和对要求的遵从，关键是行动。没有行动，一切设计、规划、决策都只是一句空话。因此，只有实践和行动才是提高执行操作能力的必由之路。

（2）**团队合作能力**　团队合作能力是与他人配合、协作共同完成任务，以实现团队目标的能力。团队合作可以形成单位或部门的凝聚力，可以更好、更快、更高质量地实现团队的目标。团队合作能力培养的前提是把自己看做团队中不可缺少的一员，将个人的目标服从于团队目标；同时，个人的发展成长随着团队目标的实现而得以实现。无论是谁，都需要自己的团队，否则根本不可能有展示自我才华的平台。

（3）**沟通表达能力** 沟通表达能力是理解他人表述的能力和将自己的观点、意图用适当的方式转达给对方，使对方能正确理解的能力。它包括理解对方的语言、表情、动作、行为的能力；通过阅读，理解文件、报告、文章要点的能力；使用口头与书面语言，表达自己观点与意图的能力；操作使用合适的通信、联络工具的能力，以做到信息的通达。在对外开放，国际交流活动频繁的形势下，外语的沟通表达能力也日益受到关注。

因此，无论你的性格是内向还是外向，都需要拥有良好的沟通表达能力，如果你在这方面有缺陷，不善言谈和沟通，就特别需要积极主动完善自我。

（4）**革新创造能力** 革新创造能力是在已有成果基础上对影响工作效率的部分进行改造，以求提高工作绩效的能力。其本质是不满足人类已有的知识经验，努力探索客观世界中尚未被认识的事务规律，发现解决问题的能力。它包括了解并利用现有成果的能力，发现问题的能力、创造性解决问题的能力。革新创造能力发挥的前提是具有敢于发现问题、不怕失败挫折的品质和素质。目前，我们国家特别提倡创新精神，创新是发展的必备条件。

"航标灯王"郑启湘从年轻时就怀着"研制世界最先进航标灯"的理想，坚持走自学成才、岗位成才之路，经过30多年潜心钻研，他屡屡攻克技术难关，从材质创新到新型光源应用，完成航标灯技术革新20多项，其中7项技术获国家专利，6项成果获国家优秀奖。自主研制的太阳能一体化航标灯应用于长江干线、黄河等水域航道，为国家节省经费上千万元。他从修灯、改灯到发明灯,走过一条生命不息、创新不止的道路。

(5) **自我发展与管理能力** 自我发展与管理能力是能够充分利用环境的有利条件,努力提升自身素质的能力。它包括了解自我、评价自我、设计自我与目标管理能力,终身学习的能力,了解环境、适应环境、利用环境、改造环境的能力。

自我发展能力是一种可持续发展的能力。自我发展的前提是了解自我。

比如,在应聘时,招聘的考官问你:"你有什么优缺点呢?"这是在考察你自我了解的能力。

当对方问:"你对自己从事的工作前途有什么设想吗?"这是在考察你的自我设计能力。

"你还打算继续学习吗?"对方其实是希望通过这个问题,了解你的自我发展的计划和能力。

2. 特殊职业能力

特殊职业能力又称专门职业能力,是指从事某一特定职业所必须具备的特殊的或较强的能力。比如,成龙是人们十分熟悉的香港著名电影演员,他高超的武艺和娴熟的演技为广大观众所称道。特别是他在拍电影中遇到许多高难度和危险动作时,不用替身而由自己亲自表演的行为,更是令人钦佩不已。显然,成龙具备了影视表演职业所应该具备的特殊能力,并且已经达到了相当高的水平。

一般职业能力是特殊职业能力的基础,特殊职业能力又会促进一般职业能力的提高,只有在两者的共同作用下,才能促使职业活动得以进行并顺利完成。

三、什么叫做职业群

1. 职业群的含义

职业群一般由基本操作技能相通,工作内容、社会作用以及从业者所应该具备的素质相近的若干个职业所构成。职业群横向划分，指相同的职业存在于不同的产业或者行业当中，如计算机专业所对应的职业群广泛分布在国民经济的各个产业和行业中；职业群纵向划分，指同一职业存在于同一行业若干个不同的岗位及其可能晋升的职务上。如保安专业所对应的职业群有：押运业务保安、巡逻业务保安、场所业务保安、守护业务保安、消防业务保安等。作为即将走入社会的在校学生，要熟悉与自己所学专业对应的职业或职业群，关心这些职业或职业群的变化情况。

2．职业群的职业要求

不同的职业群所需要的职业能力不尽相同，了解自己所学专业相关的职业群对职业能力的要求是学好专业的基础。在校期间，学生需要了解各个年级开设的课程，与所学专业对应的相关资格证书有哪些，哪个学期需要考取什么资格证书等。学生还需要对本专业的知识结构有一个全面的认识。了解所学专业对应的职业群中有哪些岗位，哪些岗位适合自己，这些岗位对职业能力有哪些具体的要求，这些岗位需要具备哪些专业技能，需要哪些资格证书。

学生可以通过学校就业信息，通过媒体等手段，了解自己将来可以具体从事哪些岗位工作，工作的环境和过程如何，工作的义务和责任怎样等。了解这些情况，对自己所学专业就有了一个全面的认识，也为三年或四年的校园学习和生活确定了具体的奋斗目标。有了明确的奋斗目标，自然就增强了学习的动力，也就更容易减小自身能力与目标之间存在的差距，促使自己接近或完全达到有关要求，尽快进入职业角色中，实现个人的职业理想。

四、职业能力如何形成与发展

1．影响职业能力形成与发展的因素

职业能力的形成与发展是诸多因素共同作用的结果，是人在遗传因素的

基础上，在丰富多彩的社会活动中经过教育和实践，再加上自己的主观努力逐步形成和发展起来的。在遗传、成长环境以及个人实践活动等因素的相互作用下，逐步形成个人特定的职业能力。

（1）**遗传因素是物质基础** 遗传因素是人的职业能力形成和发展的前提和物质基础。比如，先天失明的人难以形成绘图等职业能力，先天失聪的人难以形成演说等职业能力。但现代生理医学表明，人的遗传因素原始差别其实并不大，即使生理上存在某种缺陷的人，也可以借助于机能的补偿作用。因某一方面的能力受到抑制而使其他方面的能力得到充分的发展，心理学称之为"代偿"，比如先天失明的人听觉相对发达。所以，遗传因素只能提供职业能力形成和发展的可能性，绝不能预定或决定职业能力的形成和发展。

（2）**环境因素是外部条件** 环境是职业能力形成和发展的重要外部条件之一，包括家庭、学校和社会环境。良好的家庭氛围、严格的学校教育和良好的社会环境能够有效地促进个人发展职业能力的意愿，并提供相应的外部成长条件。比如，家长的言谈举止对孩子的人际交往能力会产生潜移默化的影响；学校的课程体系和教育方式直接决定了学生职业能力的结构和层次；社会环境则主要影响人对职业意义的认识、评价和体验。但是，环境毕竟是外部因素，不能过分强调，如果过分强调它的作用，反而对个人职业能力的形成和发展不利。

（3）**实践活动起决定作用** 一切职业能力都是在实践中形成和发展起来的，而培养职业能力的目的也是为了适应职业活动的要求，离开实践活动，就不存在什么能力了。所以，现代企业在招聘员工时非常注重人的实践经验，报考高级别的国家职业资格时，也设置了专业工作年限的限制，这些都说明了实践对于职业能力形成和发展的决定性影响。

（4）**个人主观努力是内因** 个人的主观努力是职业能力形成和发展的内因，任何职业能力都不能不学自通。"一份耕耘，一份收获；一份努力，一份才能。"许多人尽管天资平平，但由于后天的勤奋，最终取得很大的成绩。比如美国的海伦·凯勒，19个月大的时候经历了一场大病，从此失明、失聪，但她却奇迹般地学会了英文、法文、拉丁文甚至希腊文，成为举世闻名的作家、教育家和社会活动家。

《技能人才创业精粹》一书中记载一位高级技校毕业生欧可辉，他从小就喜欢鼓捣东西，尤其喜欢摆弄电器。进入技校读书后，看着实验室里的电器故障模拟实验板，他可以一声不吭呆呆地看上大半天；做实验时，他不放过任何一个疑问，直到完全理解；下课后，他经常拉着老师不断求教；休息日，他拿着心爱的电烙铁在电子世界里遨游。

毕业以后，欧可辉经历了漫长的就业打工历程，后来又经历了创业—失败—再创业；但他永不言败，执著追求自己的梦想，最终成为一家公司的董事长，并发明了"散热器熔铸方法"和"变频调速自动控制器"。

"人要像石灰一样，别人越是泼冷水，自己越是热气沸腾"，这是欧可辉的座右铭。尽管他天资平平，尽管他没有任何后台背景，尽管他历经艰辛，但他坚信："只要努力，坚持用心做事情，一定会取得成功。"

2．职业能力提升的途径

对于每个人来说，职业能力的形成都会经历从无到有、从弱到强的过程。每个在校生都应该根据自己择业目标的要求，有意识、有计划地提高自身的职业能力，促使个人的职业能力接近或完全达到职业要求。

（1）**在职业实践中提高职业能力**　职业能力是在长期的职业实践中逐渐形成的。一个人要表现出个人的潜力，一方面需要积极主动地在实践中积累经验；另一方面，必须虚心向模范、向前辈、向老员工学习，自觉、努力地提高自己的职业能力。

（2）**努力掌握专业技能**　努力学习专业知识、增强科技意识、加强专业技能训练是提高职业能力的有效途径。学习专业知识的过程是提高职业能力的基础。科技意识是现代劳动者必备的意识，随着社会经济的发展，职业能力中的科技含量不断增加。在校学生应该树立较强的科技意识，积极参与教学活动、多动脑、勤动手,这样才能使自己的职业能力符合时代的要求,符合个人创新发展的需要。每一项能力都是在实践中形成的,专业技能训练有利于职业能力的强化。

(3) **不断挖掘个人潜能**　潜能的一般意义是指存在于身心深处,未被自己或他人觉察,也未得到开发和利用的潜在能力。每个人都蕴藏着巨大的潜能,如果有意识地提高和拓宽自己的职业兴趣,增强自信心,去尝试一些自己未曾做过的具有有益于专业、事业发展的事情,就有可能挖掘出自身的潜能。挖掘出自身的潜能不但有利于拓宽自己的职业适应范围,还能够促进自己职业生涯的持续发展。所以,每个人都应重视挖掘自身的潜能,一旦发现自己可能具备某种潜能,就一定要有意识地去培养、锻炼和强化这种能力,使之转化为自己的职业能力的组成部分。

当然,我们也需要实事求是,千万不能把自己某种美好的愿望或幻想误以为是一种潜能。就像英国戏剧家莎士比亚说的:"在不合适的土地上耕耘,是不会有收获的。"因此,在具体的实践中,需要虚心地听取别人的劝告,及时走出困境,寻找真正属于自己的那一片天空。

苹果公司,原称苹果电脑公司,核心业务是电子科技产品。苹果的 Apple Ⅱ 于 20 世纪 70 年代助长了个人电脑革命,其后的 Macintosh 接力于 20 世纪 80 年代持续发展。最知名的产品是其出品的 Apple Ⅱ、Macintosh 电脑、iPod 音乐播放器、iTunes 商店、iPhone 手机和 iPad 平板电脑等。苹果公司在高科技企业中以创新而闻名。2011 年 2 月,苹果公司打破诺基亚连续 15 年销售量第一的地位,成为全球第一大手机生产商。2011 年 8 月 10 日苹果公司市值超过埃克森美孚,成为全球市值最高的上市公司。2011 年 10 月 19 日,苹果总部举行了一场乔布斯纪念会,题为"纪念史蒂夫·乔布斯的一生"。史蒂夫·乔布斯的成长充满了奇迹,他锐意创新,追求品质,使自己和他创立的公司总是处在节节攀升的境界,直至他的生命结束。

任务2 认识职业资格认证制度

一、什么叫做职业资格认证制度

1. 职业资格认证制度的内涵

为了实行就业准入制，我国逐步推行职业资格认证制度，即由国务院人力资源和社会保障部及其委托的机构，通过学历认定、资格考试、专家评定、职业技能鉴定等方式进行评价，对合格者授予国家职业资格证书。职业资格证书有从业资格证书和执业资格证书两种。从业资格是指从事某一专业（职业）学识、技术和能力的起点标准；执业资格是指政府对某些责任较大，社会通用性强，关系公共利益的专业（职业）实行准入控制，是依法独立开业或从事某一特定专业（职业）学识、技术和能力的必备标准。

2. 职业资格认证的作用

（1）**获得从事某一职业所需的基本知识和技能** 国家实施职业资格认证，实际上就是为了规范劳动力市场。劳动者取得职业资格证书后，表明其具有从事某一职业所需的基本知识和技能。这是劳动者求职、任职、开业的资格凭证，是用人单位招聘、录用劳动者的主要依据，也是赴国外就业办理技术水平公证的有效证件。职业资格认证是国家规范劳动力市场的最有效的途径。劳动者取得什么证书、怎样取得证书、取得证书后的作用等一系列问题已经制度化、规范化。比如，财政部实施了会计上岗证、物流师资格证、营销师资格证等；司法部实施律师资格认证制度；教育部实施了教师上岗证，还有近二十个专业建立了执业资格制度，如执业药师、执业中药师等。这些为劳动者就业创造了平等竞争的就业环境。

（2）**实现个人职业发展的良性循环** 国家通过资格认证，进行劳动力资源的合理开发和配置，实现人才培养的良性循环和发展，同时促进个人职业发展。在校生或者需要转换岗位的人才都可以通过参与职业资格认证，取得相关的职业证书，实现个人就业或者再就业。因此，在校生应该尽快了解自己所学专业的资格认证要求,除了向相关的专业老师了解以外,自己还可以到国家职业资格证书的颁发机构官方网站上去查询。只要是有关于职业技能方面的认证都属于职业资格认证,都可以在相关的查询网站查询。

(3) **提高职业素质**　通过职业资格认证制度化的深入,劳动者自己会积极主动地提高自身的技术业务素质,使我国的就业从安置型就业转为依靠素质就业,达到使劳动者尽快就业和稳定就业的双重目标。随着国家职业资格认证制度的推行,用人单位会更加彻底地贯彻执行这一制度,有效地促进人才素质的提高,使每个劳动者自觉地提升个人的职业素质。

3．国家职业资格证书的种类

国家职业资格证书的种类繁多,是由中华人民共和国人力资源和社会保障部印制,而不是受委托的行业协会或部门印制。劳动者报考国家职业资格证书的考试站点必须是经过人力资源和社会保障部门审批的职业技能鉴定站(点),需要特别注意所发放的证书上是否印有国徽标志,是否盖有中华人民共和国人力资源和社会保障部印章和人力资源和社会保障行政部门和职业技能鉴定(指导)中心印章。国家职业资格证书分为五级(初级)、四级(中级)、三级(高级)、二级(技师)、一级(高级技师)五个等级。所有证书可上网查询或到当地发证机关核查。

全国职业资格证书查询网:http://www.osta.org.cn。

职业资格证书封面

高级职业资格证书

初级职业资格证书

二、职业资格证书与专业学历证书有什么区别

职业资格证书是从事某一职业所必备的学识、技术和能力的基本要求，学历证书则是一个人接受教育的年限、所具有的文化程度或者学业程度的证明。学历是一个人学习的证明，表明一个人在某个学校学习某类专业，是毕业还是肄业。学历证书或称为文凭，是相关部门发给学生作为学历证明的文件。当一个人按期完成某类正规教育，经考试合格后就会得到一份证明其所接受的这段教育的证明性文件，即文凭证书。

学历证书和职业资格证书是相互包含的。随着职业资格证书的实行，越来越多的在校学生在完成正常教学计划的同时，需要进行相关的职业资格证书的考试、考核，或参与其他职业资格认证。国家有关部门也明确规定学历认定是获得职业资格证书的必要条件。因此，学历证书和职业资格证书是密不可分的，应该给予同等的关注。

我国实行九年制义务教育，不同的职业对学历有不同的要求。获得职业资格的起点学历，至少是初中学历。但也有些职业要求更高的学历，比如有的地区规定，小学教师必须具备大专或者大专以上学历，中学教师必须具备本科或者本科以上学历。

不过，学历并不等于能力，在职业生涯中，学历很重要，但学历高的人能力不一定高，学历低的人能力不一定低。据调查，很多用人单位选用人才，学历并不是唯一的条件。目前，用人单位越来越看重的是人的潜质和综合能力。在学校学习期间，我们应该保证学习成绩，努力考取相关的职业资格证书，努力提高个人的职业能力，实现学历与能力的统一。

三、专业培养的内涵是什么

1. 专业培养与课程设置

所谓专业，是指高等院校或者职业类学校根据学科的分类或生产部门的分工把学业分成各种门类。这些专业的设置与国家产业、职业的分类相适应，符合国家对教育人才的培养规格，具有现实性、前瞻性。

国家产业是国家经济部门按照国民经济产业结构进行划分的，通常分为三大产业，即第一产业、第二产业和第三产业。第一产业是农业、牧业、渔业、林业和水利业，是衣食的主要来源，属于人类生存之本；第二产业是工业和建筑业，是国民经济的命脉；第三产业是除第一、第二产业外的所有行业，又称作服务行业，是拥有一定的物质技术设备，为生活和生产服务的各种行业的总称。第三产业虽然不直接参与物资生产，但它可以促进整个社会经济的发展。具体分为四个层次：第一个层次是流通部门，包括商业、饮食业、交通通信业、物质供销和仓储业；第二个层次是为生活和生产服务的部门，包括金融、保险、房地产、物业及旅游业等；第三个层次是为提高科学技术水平和居民素质服务的部门，包括科教、传媒、文化、卫生体育等行业；第四个层次是为社会公共需要服务的部门，包括咨询、法律、社会福利等。

每个专业都有自己特定的培养目标，设置相关的课程。比如，电子商务专业的培养目标是培养具有扎实的经济与管理理论基础，掌握信息科学技术与手段，具备使用现代信息技术开展商务活动的能力，从事现代电子商务运作与管理的高素质复合型人才。要求学生系统掌握现代信息技术、经济管理理论与方法、现代商贸理论与实务、网络营销理论与实务，以及电子商务系统的分析、设计、实现和评价的技术，了解从事电子商务的相关法律，培养高度的竞争意识、创新能力和较强的电子商务应用能力。

为了达到专业的培养目标，必须设置与电子商务专业对应的课程，如经济学、管理学原理、网络经济学、计算机网络与组网技术、电子商务概论、电子商务网站建设、网络营销学、电子商务物流管理、网络银行与电子支付、电子商务安全、电子商务系统分析与设计、电子商务法律、面向对象的程序设计、数据库原理与应用等。

再如，若选择就读机械设计制造及自动化专业，那可能成为具备机械设计及制造的基础知识与应用能力，能在工业生产第一线从事机械工程领域内的设计、制造、科技开发、应用研究、运行管理和经营销售等方面工作的高级工程技术人才，需要认真学习专业的主要课程有：工程力学、机械设计、机械原理、电工与电子技术、微机原理及接口技术、工程材料及成形技术基础、机械制造技术、现代测试技术、机械CAD技术、机电传动与控制、计算机控制技术等。

你需要获得哪些理论知识和专业技能？需要参加哪些培训？

2．专业培养的重要性

（1）**提高职业能力**　一个专业对应一个职业群，职业群分为横向发展和纵向发展两类。比如，经过专业培养，一个电子商务专业毕业的学生可以选择横向发展，比如网站开发、网络管理、网络销售、网络推广等方面的工作；还可以根据个人的特长，选择行政助理、文员、业务员等方面的工作；也可以选择纵向发展的职业群，比如电子商务员、助理电子商务师、电子商务师、高级电子商务师等。再如，机械制造及自动化专业的毕业生横向发展的职业群是，到相关的科研院所、大中型企业、公司、中高等院校从事机电产品的现代化设计、制造、控制及经营、管理和教学方面的工作；纵向发展的职业群是，晋升为专业或与专业相关的中高级技术人员或者管理人员。

专业培养是提高个人职业能力的职业途径，更是学生职业发展必不可少的途径，因此，学好专业知识和专业技能是我们顺利就业的必备条件。

（2）**培养职业素质**　职业素质是指劳动者在一定的生理和心理条件的基础上，通过教育、劳动实践和自我修养等途径而形成和发展起来的，在职业活动中发挥重要作用的内在基本品质。因此，专业培养不仅仅停留在理论知识和专业技能两个方面的内容上，还需要加强思想政治素质、职业道德素质、科学文化素质、身体素质和心理素质等方面的培养。在专业培养过程中，除了专业课程外，各学校还设置了其他必要的课程来促进学生全面发展，最终实现德、智、体、美、劳全面发展的人才培养目标。

任务3　加强职业能力训练

一、如何了解个人的职业能力

1．自我比较

与过去的自己相比，是进步了、成熟了，还是退步了、幼稚了；与理想中的自我相比，自己还有哪些差距等。前者可以发现自己的成绩和进步，提高自尊和自信；后者可以明确自己努力的方向，进一步完善自我。但是要注意，理想中的自我要切合实际，切忌好高骛远。作自我比较的时候，更应该注重个人的成长过程。

人生是个过程，成长是个过程，在成长的过程中，成功和失败就是一对孪生兄弟。相对于成长而言，成功和失败只是其中的一部分。失败促人成长，成功促人奋进，我们要成功，就不能惧怕失败；失败仅仅表明暂时没成功。唯有更加注重过程，才能静下心来学习，踏实工作。

许振超是青岛港（集团）有限公司桥吊队队长，是从事港口装卸作业30余年的"老码头"，他几十年如一日，求知若渴、刻苦钻研、立足岗位、自学成才、熟练掌握了桥吊驾驶、维修技术和港口装卸管理知识，成为了一名工程师和具有突出贡献的工人技师。

刚参加工作的时候，为了早日掌握桥吊技术，许振超每次作业完毕，别人休息了，许振超还留在车上，练习停钩、稳钩，精心钻研技术，踏实工作。四五个月后，他开的门机钢丝绳走起来成一条线了，一钩矿石吊起，稳稳落下，不多不少，正好装满一车皮。这手"一钩准"的绝活，很快就被大家传开了。许振超也由一名初中毕业生，一名普通工人，渐渐成长为令世界航运界敬佩的一流桥吊专家。

想一想 如果许振超总是自怨自艾，自暴自弃，不愿付出努力，他能有今天的成就吗？

2. 与他人比较

在具体的学习和工作中，我们需要跟他人合作，也需要与他人竞争，所以通过他人，我们可以了解自己。但与他人比较的时候，要注意比较的参照系和立足点，比较的对象应该相类似，比较的标准应该是相对标准而不应该是绝对标准，应该是可变的标准而不是不可变的标准。例如，一个人的容貌与出身是不可更改的，若以此为标准同别人比较，是没有意义的。因此，建议大家进行客观、合理的比较。

（1）**不跟他人比先天条件，多比后天的努力**　具体的职业能力需要在具体的学习和实践中逐步提升。职业的成功并不排除任何外部的有利条件，但是我们决不应该把成功的希望寄托在这些优越的条件上，而更多的是在后天努力上与别人一比高低。对任何人而言，职业都需要长久的热情和坚持，没有先天的好条件，唯有努力再努力！

（2）**不比运气好坏，只比扎实进取**　职业能力的发展往往快慢不一，就算是同一个人，也有速度不均衡的时候。当事事特别顺利的时候，不必洋洋得意，应常怀感恩之心。事事不顺，不被重视的时候，也不必抱怨，更没必要斤斤计较。踏实、努力地做好本职工作是最好的办法。

（3）**不比胜负输赢，只比耐力意志**　对职业目标的追求，就像一场超长距离的马拉松比赛，热情、耐力和意志等因素的作用与知识和技能同等重要。在漫长的比赛过程中，任何胜负都是暂时的，终极目标的实现，取决于一个人的热情、耐力和意志。

（4）**不比名利高下，只比成就实绩**　学习与工作中，有的人取得成绩以后，很快得到别人的肯定，获得名利，可有不少人取得了成就和出色的业绩后，并没有得到相应的名利。因此，跟他人比较时，应该多看到别人的努力，不要盯着具体的名和利，否则很容易影响个人的工作情绪，这种不良的情绪不利于职业能力的提高。

一个农夫有两个水罐，一个完好无损，一个有一条裂缝。农夫每次挑水，完好的水罐总能把水从远远的小溪运到主人家，而有裂缝的水罐回到主人家时往往只有半罐水。这使有裂缝的水罐感到无比痛苦和自卑。一天，它在小溪边对主人说："我为自己每次只能运送半罐水而感到惭愧。"农夫惊讶地说："难道你没有看见每次回家的路旁那些盛开的鲜花吗？这些花只长在你那一边,而并没有长在另一个水罐那边。因为我早就知道了你的裂缝,并且利用了它。我在你这一边撒下了花种,于是每天我们从小溪回来的时候,你就浇灌了它们。如今,这些鲜花已给我们一路上带来了许多美丽的风景。"

是啊,悦纳自己,方能扬长避短,充分发挥自己的潜力,让自己绽放异彩。

3．了解他人对自己的评价

可以从他人的态度和情感中认识自己,明确自我的概念。一个人对自己的认识难免有偏差,因此,有必要听取他人的意见。可以说,他人的意见,就像一面镜子,可以让我们从另一侧面看清楚自己。尤其是别人的批评,更能促进我们认识自己,看到自己的不足。因此,当我们想获得进步,就必须多了解他人的评价,好的评价要听,批评的话语也应该虚心接受。

需要注意的是,正如镜子不一定能反映事物的本来面目一样,别人对你的评价,由于受多种因素的影响,不一定是完全正确的,所以不能把别人的评价和态度作为唯一的衡量标准,还要充分结合其他有关信息进行综合评价。

4．通过自省了解自己

我们既是心理活动的主体,又是心理活动的对象。通过自省可以了解自己的智力、情绪、意志、能力、气质、性格和身体条件等特点。自省也是自我意识形成的重要途径之一。在自省的过程中,一定要注意客观、全面、辩证地对待自己,形成正确的自我意识,真正了解自己,并以此来选择适合自己的发展道路。我想做什么?我所处的环境允许我做什么?我的义务和责任是什么?怎样把事情做得更好?

5．通过活动表现和成果了解自己

人的各方面能力是在具体的实践中表现和反映出来的,通过学习、文体活动、社会工作、人际交往等各方面的能力和成效加以自我认识,可以获得关于自己能力、意志、兴趣和投入角度等多方面的信息，进而评价自己；通过具体工作结果，可以验证自己的职业能力的高低。因此，我们需要更加珍惜社会实践机会，提前做好计划，在实践中进步，在不断进步中体验成长的快乐。

历史上有一个庖丁解牛的故事，说的是庖丁替文惠君宰牛，手所触及的，肩所依着的，足所踩到的，膝所抵住的地方，都发出赫赫的响声，而这响声，既符合《桑林》舞曲的节奏，又合于《经首》乐意的韵律。文惠君说："啊！好极了！你的技术怎么达到如此神奇的地步？"庖丁放下屠刀回答说："我开始宰牛时，映入眼帘的都是一头头整牛。几年后，就不曾看到整体的牛了。现在，我只用心领会而不用眼去观看，就像器官的作用停止而只见心神在运用。顺着牛体自然的肌理结构，劈开筋肉隔膜，导向骨节的空隙，顺着牛体自然结构去用刀，我从没有碰撞过经络结聚的部位和骨头紧密相连的地方，更不用说去碰那些大骨头了。好的厨师一年换一把刀，他们是用刀去割筋肉；普通的厨师一个月换一把刀，他们是用刀去砍骨头，现在我的这把刀已经用了19年，所解的牛有几千头，可是刀刃锋利得就像刚从磨刀石上磨过一样。牛骨节是有间隙的，而刀刃很薄，以很薄的刀刃切入有间隙的骨节，当然是游刃有余了。尽管如此，可是遇到筋骨盘结的地方，我知道不容易下手，于是就特别小心谨慎，眼神专注，缓慢，刀子微微一动，牛就哗啦解体了，如同泥土溃散落地一样。这时我提刀站立，张望四方，感到特别心满意足……"

6．参与心理测试

心理测试法是通过回答有关问题来认识和了解职业能力。测试题目是心理学家们经过精心研究设定的，只要如实回答，就能大概了解有关情况。这是一种简便易行的剖析方法。国内外常用的几种测试方法有：人格测试、智力测试、能力测验和职业倾向测验。

目前，各大求职网站，还有一些职业测评网站，都配备了相应的测评工具，我们可以根据自己的需要进行选择。有的学校也配备了相关的职业测评工具，测评的目的是帮助学生了解自己。因此，做职业测评的时候，应该注意以下事项：

（1）**注意选择测评工具**　职业测评分为正式和非正式两种，为了最大限度地发挥心理测评的效用，我们需要选择一个较为权威、正式的心理测量工具。目前，比较实用的测评工具有霍兰德职业测试、职业锚测试、16PF测试、MBTI测试等，也有专门针对职业能力方面的测评，比如北森职业能力测试。

（2）**表达真实想法**　在测量的过程中，一定要按照自己的真实想法进行测评，不要隐瞒什么，以免测评的结果失真，失去参考价值。

（3）**不受外界干扰**　做测评的时候，应该选择一个安定没有干扰的环境进行。否则，测评的结果容易失真，失去了测评的意义。

7．参加全国职业能力测评

全国职业能力测评是对人才的知识水平、职业能力等价值判断基础上的测评体系，旨在了解各行业人才的职业能力水平，通过测试、评估使具备相应等级职业能力的人才得到国家认证。整个测评过程实现"四个确定"：确定人才的择业方向、确定人才的职业能力得到提高、确定人才的职业能力符合岗位需求、确定人才的职业能力得到权威的认可。这种测试结果，可以令用人单位直观、准确地了解人才的个人能力，给予优先调配的岗位，实现人才资源的优化配置。这一能力测评方案不但符合认知规律，而且满足职业发展规律以及技术标准和社会规范的要求，可以对各院校的教育质量及其学生的能力水平进行比较，为职业教育决策提供科学可靠的实证基础，并对教学改革提供帮助。

二、如何进行职业能力训练

1. 参与活动，勇于实践

很多能力都是在实践活动中形成的，比如，计算机操作能力是在计算机运用中形成的，语言沟通能力是在与他人沟通中形成并发展的；学习能力是在学习活动中形成的；组织管理能力是在组织并领导群体活动中形成并发展的。因此能力的培养需要有较多的实践机会。

（1）**积累间接的工作经验**　在校学习期间，我们要珍惜各种实践的机会，积累直接或间接的工作经验。一个具有自主学习意识的学生，会积极主动地利用校内实践的机会和校外社会活动的机会，提高职业能力。

（2）**热爱本职工作**　踏入职场后，应该珍惜本职工作，精益求精，自觉地提高个人的职业能力。一方面要有意识地、主动地做好本职工作，提升个人的职业能力；另一方面要虚心向前辈学习，加快个人职业能力的提升。

（3）**不断强化职业能力**　每个人的潜力都是无限大的，而潜力并不是凭空产生的。只有在努力工作的过程中，才能不断地挖掘出个人的某些潜能，发现自己可能具备的某种能力倾向。一旦发现，就一定要用心加以培养、锻炼和提高，使之转化为自己职业能力的组成部分，进而强化个人的职业能力。

2. 学好基础知识与技能

知识、技能、经验是能力形成的基础，培养能力首先要学好基础知识与专业知识、技能。例如与外宾交流的语言沟通能力，其基础是掌握外语单词、词组短语、习惯用语、语法等知识。在此基础上才能运用这些知识进行合理的组合，在实践中用作沟通交流的工具。所以，"学以致用"的前提是要学，学知识、学技能、学他人的经验。

3．善于概括与总结

同样在实践，同样在参与活动，不同的人所获得的能力发展水平却不同，同样是学习，但学习的能力却有强弱之分。这表明在实践活动中是否"有心"，是否"用脑"，去对自己所获得的经验进行有意识的总结与概括，是提升能力的关键。

所谓"用心"，是指有意识地总结实践经验，"用脑"是指在实践活动中善于控制自己的言行，用心察觉自己的感受，对照客观效果，分辨出收到良好效果的感受，以便在以后的实践活动中重复这类言行动作，进一步体验所获得的良好感受，并加以巩固。

4．向他人学习

（1）**观察他人，获得间接经验**　在自己没有机会进行实践时，可以观察他人的行为，听取他人的经验介绍，对照实际效果，获得间接经验。例如，观察他人如何当学生会干部，如何表达自己的观点，如何布置工作，如何说服他人，如何组织活动，再想象自己如果做这项工作，将怎样做。这种途径可以解决尚未获得实践机会时的能力培养问题。

（2）**多听取他人意见**　人们常说"当事者迷，旁观者清"。通过实践活动，固然可以自己进行总结，但如果请求他人对自己的实践活动进行评价，就可以预防"片面性"，有效地检验自己的经验，提高实践效率。

获得 2006 年"感动中国"人物的孔祥瑞，是天津港（集团）煤码头公司的操作队队长，他先后主持开展技术革新项目 150 多个，获多项国家专利，为企业创效近 9600 万元，成为人人敬佩的"知识型产业工人"。他多次放弃了深造机会，始终坚持在实践中学习，将工作岗位当成课堂，把生产实践作为教材，将设备故障当做课题，把身边所有具有一技之长的工友视为老师，努力攻克一个又一个技术

难关。当别人问起他的成功之道的时候，孔祥瑞说："我的工友、队友都是我的老师，这个高级技师不是单凭我一个人的。我们闲班、吃饭的时候都在一起讨论设备问题。"

思考与训练题

一、思考题

1. 专业培养有什么重要意义？
2. 职业能力有哪些类型？
3. 什么叫做职业群？
4. 在校学习期间，你打算如何加强职业能力训练？
5. 阅读以下资料，并进行讨论分析。

资料一：某剧场引进一套国外先进的电脑控制照明系统和舞台灯光系统，黄某未能掌握操作和维修技能，曾经发生演出过程中舞台灯光熄灭的事故。为了保障安全，剧场领导考虑将黄某调到保洁工岗位，黄某表示不满。剧场领导将黄某派到市另一家引进相同设备的剧场接受培训。20天后，黄某回单位上班，但不久又造成同样的事故。经剧场领导请同行专家测试，设备系统本身没有问题，事故原因在于黄某弄不懂操作程序。剧场领导再次要求黄某改换工作，黄某表示非原工作不干，剧场只得解除与黄某的劳动合同。

你认为剧场能否单方解除与黄某的劳动合同？为什么？

资料二：2010年，上海市某区的公寓大楼发生特别重大火灾事故，造成多人伤亡，直接经济损失1亿多元。国务院事故调查组查明，该起特别重大火灾事故是一起因企业违规造成的责任事故。事故的直接原因：在该公寓大楼节能综合改造项目施工过程中，施工人员违规在10层电梯前房间北窗外进行电焊作业，电焊溅落的金属熔融物引燃下方9层位置脚手架防护平台上堆积的聚氨酯保温材料碎块、碎屑引发火灾。事故的间接原因：一是建设单位、投标企业、招标代理机构相互串通、虚假招标和转包、违法分包;二是工程项目施工组织管理混乱;三是设计企业、监理机构工作失职;四是市、区两级建设主管部门对工程项目监督管理缺失;五是该区公安消防机构对工程项目监督检查不到位;六是该区政府对工程项目组织实施工作领导不力。根据国务院批复的意见,依照有关规定,对数名事故责任人做出了严肃处理,其中多名责任人被移送司法机关依法追究刑事责任。

请你根据资料进行分析并根据本次事故的教训提出整改意见。

二、技能训练题

1)请你总体评价自己的职业能力。

	强	较强	一般	较弱	弱
语文能力					
数学能力					
外语能力					
表达能力					
交往与合作能力					
自我控制能力					
适应变化能力					
自省能力					
抗挫折能力					
审美能力					
收集和处理信息能力					
执行任务能力					
创新能力					

你的主要优势:

单元2 职业能力的培养

你的主要不足：

你的努力方向：

2）请在专业的测评网站上做一次职业能力方面的测评，并根据个人情况做一项能力改进计划。

你的能力：

你的优势：

你的不足：

你的努力方向：

3）请你调查所学专业的对应岗位对能力方面的要求，针对差距制订个人的改进计划。

专业：　　　　　　　姓名：

专业对应职业	职业对应的岗位	能力要求	改进计划
1.	1.		
	2.		
	3.		

（续）

专业对应职业	职业对应的岗位	能力要求	改进计划
2.	1.		
	2.		
	3.		
3.	1.		
	2.		
	3.		
4.	1.		
	2.		
	3.		

4）请你调查所学专业需要考取哪些对应或者相关的资格证书，时间如何安排，需要学习哪些课程？

所学专业相关证书	时间安排	所学课程
1.		
2.		
3.		
4.		

5）你将选择哪些资格证书进行考取？请你拟写一份考证计划。

单元3 职业道德的培养

 知识目标

1. 了解职业道德的含义；
2. 理解职业道德的基本规范；
3. 注重职业道德培养。

 技能目标

掌握职业道德培养方法。

 职业感言

一个人要觉得自己有用，才会快乐。无论所做的是哪一行，只要对别人有贡献，对社会有好处，就会觉得自己有价值。

—— 罗兰

 **案例分享**

好学的阿潮

阿潮是一位电子商务专业中技毕业生，现就职于某大型网络公司，担任该网站博客的程序编辑开发工作。很多人都感到不解：一个从毫不起眼的学校里毕业的中技生怎么可以站在这个本该属于本科生甚至是研究生的工作岗位上呢？

了解阿潮的人都非常清楚：阿潮之所以有今天，靠的不是运气，而是他的真才实学，是他精益求精的精神。

阿潮出身于粤西一个并不富裕的农村家庭，他的学费来源主要是父亲种香蕉的收入，如果遇到台风或年景不好，香蕉的收入就会大打折扣。因此，他十分珍惜这来之不易的学习机会，他经常与老师谈到自己在学习上遇到的困惑、探讨专业学习的难题。班上有的同学经常玩游戏，但阿潮却在专心地翻阅一本又一本厚厚的书籍，在电脑上做自己的专业设计。两个学期过去了，阿潮开始自学电脑编程，他发现自己很喜欢这门别人看来既难懂又枯燥的电脑技术。他凭着一股精益求精的钻研精神，基本掌握了电脑编程技术。

毕业后，阿潮并没有像其他同学那样急于去找工作，他知道自己的电脑编程技术还没有过关，他在学校附近租了一间小房子继续苦学编程技术。一年后，他在网上获悉某网络公司招聘编程技术人员，于是前去应聘。他凭着自己的专业水平和实力在众多的拥有本科甚至是研究生文凭的求职者中脱颖而出。他成为该公司当时最年轻，学历最低的员工之一！

总结自己的学习以及工作经验，阿潮认为学习最重要的是培养对学科的兴趣，有了兴趣才会有求知的欲望，有了兴趣才会自觉地去学习；学习离不开书本，应该多读书，读好书。学习需要消除浮躁的心态，比如今天有人说ASP（程序设计语言）不错，你就去学 ASP；明天有人说 PHP 不错，你又去学 PHP；网页设计（美工）不错，你又去学网页设计，这种浮躁的心态可能使自己永远处在一个一知半解的状态，一定要懂得精益求精的道理，瞄准了目标，不要放手，努力学习和钻研，必定会有好的成绩。

任务安排

任务1　了解职业道德的含义

一、什么是道德

道德是一种社会意识，是指人类现实生活中，由经济基础决定，用好坏、善恶、荣辱标准去评价，依靠内心信念、社会舆论和传统习惯来实现的调节人们之间相互关系的社会行为规范的总和。道德规范属于非制度化规范，也是非强制性的。道德的要求、规则、戒律等只有在人们真诚地接受，并转化为人的情感、意志、良心和信念时，才能真正地实施，并产生巨大的精神力量。古今中外涌现了非常多的道德形象，比如：

姓 名	道 德 形 象	姓 名	道 德 形 象
鲁迅	孺子牛	居里	陀螺
华罗庚	人梯	居里夫人	春蚕
雷锋	永不生锈的螺丝钉	牛顿	小孩子
李素丽	老百姓的贴心人	南丁格尔	天使

这些道德形象对人们的道德行为产生了非常大的影响。

二、什么是职业道德

1．职业道德的内涵

职业道德就是所有从业人员在职业活动中应该遵循的行为准则，包括行为要求、道德责任和义务。职业道德要求职业人在工作中时刻信守对所从事工作的承诺，这种承诺甚至包括每一个微笑的职业承诺。一个不尊崇职业道德或不信守职业承诺的人，不管其职业技能再高，都不可能成为有素质的职业人。相反，职业技能高超而职业品行低劣的人，只会给所从事的工作以及社会造成不好的影响，甚至带来危害。因此，各行各业都有自身的职业道德要求：

教师：教书育人；

医生：救死扶伤；

军人：保卫祖国；

营业员：文明经商；

财务人员：遵纪守法；

法官：秉公执法；

国家干部：勤政廉洁。

2．职业道德的特点

（1）**行业广泛性强** 从涉及的内容来看，职业道德具有很强的行业性，它总是要鲜明地表达职业义务、职业责任以及职业行为上的道德准则。职业道德会造成从事不同职业的人们在道德风貌上的差异。如人们常说的"干部样儿""军人作风""工人性格""农民意识""商人习气""学生味""明星范儿"等，这些都可以归结到职业道德中来。

职业道德渗透在职业活动的方方面面，比一般的道德更直接更全面地反映着一个社会的道德水准和道德风貌。近年来，随着职业道德建设的开展，各行各业涌现出李素丽、王洪军、孔祥瑞、苗俭等一大批爱岗敬业、忠于职守的职业道德模范。

（2）**实用多样** 从表现的形式看，职业道德有灵活多样、具体实用等特点。职业道德是根据职业活动的具体要求，对从业者在职业活动中的行为采用制度、守则、公约、承诺、誓言、条例，乃至标语口号等灵活多样的形式，促使从业者接受并主动实施本职业的职业道德规范。比如，公共汽车售票员李素丽有个誓言："我永远属于我的乘客，属于我的岗位。"为了实现自己的誓言，她为自己制订了"对待乘客热心，照顾乘客细心，帮助乘客诚心，热情服务恒心"的"四心原则"。服务行业强调"顾客至上"，使顾客有"宾至如归"的感觉，体现了职业道德形式多样实用的特点。

（3）**时代感强** 职业道德具有连续性，每个时代的职业道德都有许多相同或相近的内容，但无论是哪一种形式的职业道德，也无论是哪个时代的职业道德，都在不同程度上体现着时代的社会道德总体要求，也就是说，每个时代对从业者都有一些具体的要求。比如，对一个现代化工人来说，除了必须具有过去老一辈工人的爱岗敬业、吃苦耐劳的品德外，还需要有锐意创新、敢于革新的精神，不但要奉献汗水，还需要奉献智慧。

三、社会主义职业道德的核心和基本原则是什么

1. 社会主义职业道德的核心就是"为人民服务"

全心全意为人民服务是中国共产党的根本宗旨,也是社会主义道德、职业道德的核心,它贯穿职业道德规范的各个方面,具有深刻的社会影响力和现实意义。毛泽东同志曾明确指出:"全心全意地为人民服务,一刻也不脱离群众;一切从人民的利益出发,而不是从个人或小集团的利益出发;向人民负责和向党的领导机关负责的一致性。这些就是我们的出发点。"

在社会主义社会,为人民服务既是目的,又是手段;人民既是权利和义务的主体,也是权利和义务的客体,人民都是服务对象,又都为他人服务。在这种社会环境中,"人人为我,我为人人",彼此互相关心、互相爱护、互相帮助,这是社会主义职业道德区别和优越于其他社会形态的职业道德的显著标志。

2. 社会主义职业道德的基本原则就是"坚持集体主义"

真正意义上的集体主义主张从广大人民的根本利益出发,坚持集体利益高于个人利益;以集体利益为基础,把集体利益与个人利益结合起来。当两者之间发生矛盾时,个人利益自觉服从集体利益,在必要时甚至牺牲个人利益来完成集体利益。

在社会和个人互为依存的关系中,社会高于个体,没有社会就没有个体。人类历史证明,个体是无法脱离群体、社会而独立存在的。社会不是无数个体简单的集合,而是人与人之间的联系或关系的总和。个体一旦结合组成社会共同体,就产生了一个不可分割的结构整体。从这一基础上来看,以社会为本位的集体主义原则,可以说是社会本质的必然选择和要求。一个人只有把自己与所处的集体紧密结合在一起,才有创造力和生命力!

实际上,在具体的生活中,集体主义精神的表现形式是非常具体的,比如班级有文娱体育比赛,你是否因为自己不喜欢而选择不到场观看?工作单

位要求穿着工作装,你是否为了追求个性而选择穿便装?你是否因为个人的事情经常不去参加团队活动?你是否常常迟到或旷课?你需要常常面对这些问题,而你的态度和行为可以验证你的职业道德水准。

因此,同学们必须坚持集体主义,时刻关注自己所在班级、学校、工作单位或团队,让自己在集体中绽放光彩。

四、职业道德具有哪些社会作用

1. 维护、提高本行业的信誉

一个行业或一个企业的形象、信用和声誉,是指社会公众对它及其产品与服务产生的信任程度。一个企业要提高它的信誉,主要靠产品的质量和服务质量,而从业人员的职业道德水平是产品质量和服务质量的有效保证。如果从业人员职业道德水平较高,就会创造优质的产品和提供优质的服务,从而提高企业和行业的信誉;相反,如果从业人员职业道德水平不高,则难以提高产品和服务的质量,其所在企业的信誉将受到很大影响,其不良结果可能会影响整个行业。

2. 促进本行业的发展

行业、企业的发展取决于经济效益的高低,也就是说,经济效益越高,企业的发展速度越快。而经济效益与员工素质密切相关,员工所拥有的知识、能力、责任心,其中最关键的是责任心,直接影响着企业的经济效益。一个职业道德水平高的从业人员一般都有很强的责任心,可以想象,一个企业拥有素质高、职业道德感强的员工,它一定具有很强的生命力。

如果没有良好的道德修养,没有责任心,从业者是否能做好工作?其所在的企业是否会受到牵连?

3. 推进全社会的道德发展

职业道德是整个社会道德的基本构成与具体体现方式。职业道德一方面涉及每个从业者如何对待职业,如何对待工作,同时也能表现出一个从业人员的生活态度和价值观念。职业道德既是一个人的道德意识、道德行为发展的成熟阶段,也是一个职业集体,甚至一个行业全体人员的行为表现。如果每个行业、每个职业集体都具备优良的职业道德,就会促使全社会的道德水平不断提高。

2011年部分中国重大食品安全事件触目惊心,令人愤慨,对中国整个食品行业冲击很大,对全社会的道德水准产生了极大的影响。

2011年4月,沈阳警方端掉一个"毒豆芽"加工窝点。权威部门检验证实,毒豆芽外表看似新鲜,但是至少含4种违法添加剂,尿素超标27倍,对人体危害很大。

2011年4月,湖北省查获两个使用硫黄熏制"毒生姜"的窝点,现场查获"毒生姜"近1000千克。

2011年4月,安徽省查获一种名为牛肉膏的添加剂,可让猪肉变"牛肉"。专家指出,过量食用牛肉膏可能致癌。

2011年4月,上海市一些超市的主食专柜在销售同一个公司生产的染色馒头。这些染色馒头的生产日期随便更改,食用过多会对人体造成伤害。

2011年3月,重庆市工商局执法局突击检查了市内几家血旺加工厂,在一家没有任何手续的加工厂内,查获2.5吨用福尔马林浸泡的血旺。由于福尔马林被世卫组织定性为让人致癌和致畸形的物质。因此,这种方式制作的血旺也被称为"毒血旺"。

任务2　了解职业道德的基本规范

一、职业道德基本规范的内涵是什么

职业道德的基本规范是在职业道德核心和基本原则的指导下形成的,是要求从业者在从事职业活动的过程中必须遵守的职业行为准则。它既是能调节职业活动中人们的各种关系并解决各种矛盾的行为准则,也是评价职业活动和职业行为善恶的具体标准。在它的指引下,我们知道自己应该做什么,

不应该做什么，应该怎么做，不应该怎么做。各行业的从业者只有明确并掌握职业道德的基本规范，才能在职业活动中自觉地把职业道德要求变成个人的职业行为，才能有效地协调各种关系，解决好各种矛盾，最终出色地完成各项任务，实现个人的社会价值。

二、职业道德基本规范有哪些内容

1. 爱岗敬业

爱岗敬业是社会主义职业道德的基本要求，是从业者是否有职业道德的首要标志。爱岗就是热爱自己的工作岗位，热爱本职工作；敬业就是一种对待自己职业的认真严肃的态度。具体要求如下：

（1）**树立正确的职业道德观** 一个人是否能取得成就，不在于他所从事的职业是什么，而在于他是否尽心尽力把工作做好。因此，无论从事何种工作，只要是对社会、对人民有益的，就要干一行、爱一行、专一行，不能朝秦暮楚、见异思迁、得过且过。任何一个尊重自己事业的人，都会把这种爱表现在自己的工作岗位上。再平凡的工作岗位，也能体现崇高的敬业精神；再普通的工作岗位，也能做出突出的成绩。没有正确的职业道德，再有什么鸿鹄之志，也是无法实现的。

（2）**热爱本职工作** 每一份工作都值得我们热爱，值得我们付出真情，因为只有热爱自己的工作，才会充满积极性，才会在工作中投入精力和心血，才会有战胜困难的勇气和信心，最终在工作中有所成就。我们的社会最需要敬业的人才，有一项调查显示，用人单位最看重的毕业生素质：热爱本职工作，有责任意识、敬业精神、团队合作能力。众多招聘信息中，绝大多数岗位需求都写着：具有较强的责任心、敬业精神、团队合作能力。可见，员工是否具有崇高的敬业精神越来越受到用人单位的关注。

（3）**不断提高自己的职业技能** 社会的发展和科技的进步对每个岗位都提出了严格的要求，要求从业者精通业务，勇于创新。精通业务是首要条件，光有满腔热情和乐业精神还是不够的，营业员如果算不好账，既会影响服务，也必将影响企业的经济效益；医生业务水平差，不仅不能救死扶伤，而且会危害病人。勇于创新是精益求精的必要条件，敢于冲破陈规旧俗的束缚，改变不适应现代社会的旧观念、旧管理方法和工作方法以及旧工艺，勇于想别人没想过的事，敢于做前人没有做过的事。

"业精于勤，而荒于嬉"，一位敬业者决不会把工作当儿戏，虚掷光阴，为了胜任工作，他们会调动自己的聪明才智，补基础、查资料、练技术、攻难关，努力在学识和业务等方面取得不断进步。

想一想　你所处时代的那些敬业楷模，是否都是在乐业、勤业、精业中逐步成长起来的？

2．诚实守信

诚实守信不仅是为人处世的基本准则，也是社会道德和职业道德的一个基本规范，这一规范要求每一位从业者在从事职业活动过程中要诚信无欺，讲究质量，信守合同。

（1）**诚信无欺**　诚实是人们不可缺少的一种良好品质。这种品质有一个最显著的特点，就是忠实于事物的本来面貌，不歪曲篡改事实，不隐瞒自己的真实想法，不掩饰自己的真实情感，不说谎，不作假，不欺骗别人。守信也是一种做人的良好品质，它要求人们要讲信誉，信守诺言，忠实于自己承担的义务，答应别人的事一定要做到。其中"信"字也是诚实无欺的意思，这说明诚实与守信是相互联系在一起的。只有内心诚实，才能做一个守信的人；如果一个人守信用，那么他就一定是个诚实的人。换句话说，说老实话、办老实事、做老实人、言行一致、重信守诺，就是一个诚实守信的人。

在我国古代，有个叫曾子的人，具有诚实守信的高尚品格。有一次，曾子的妻子要去赶集，孩子闹着也要去。妻子哄孩子说："你不要去了，我回来杀猪给你吃。"等妻子赶集回来，看见曾子真要杀猪，她连忙上前去阻止："小孩子，懂什么，我只是说说而已，不能当真啊。"曾子说："你欺骗了孩子，孩子就会不信任你。"说着，就把猪杀了。曾子不欺骗孩子，也培养了孩子讲信用的品德。

"言必信，行必果""一言既出，驷马难追"这些流传了千百年的古话，都形象地表达了中华民族诚实守信的品质。在中国几千年的文明史中，人们不但为诚实守信的美德大唱颂歌，而且一直在努力地身体力行。只有树立了诚信意识，才可能有诚信的行为，也只有完善持久的诚信行为，才能验证你的诚信品德。挂在嘴边的"诚信"，称不上真正的诚信。所以，诚信品德不是自己吹嘘出来的，而是一点一滴地积累起来的。

（2）**讲究质量**　市场经济下，要真正做到诚实守信其实并不是一件容易的事情。由于我国市场经济起步比较晚，市场发育不成熟，市场经济的规则也不健全，因此，在经营活动中仍存在一些"不诚不信"的现象。某些人在私利的驱动下，做出缺斤少两、坑蒙拐骗、偷工减料、不讲信誉、不履行合同、坑害消费者的行为，这实际是一种不公平的竞争。"不守信"也存在于其他领域，在社会生活中，有的人不注重"守信"，说话往往言而无信，出尔反尔；开会或赴约总是迟到，不能遵守约定时间。这些人身上就不具有"诚实守信"的美德。看到别人欺诈、不诚实，看到有的老实人总吃亏，我们可能会受到一些影响，思想上有些动摇，行为上也出现一些变化。

然而，请大家记住：只有诚信，才能赢得别人的信任；只有诚信，才能化解人与人之间的隔阂和误解。人若失去了诚实守信，也就失去一切。企业失去诚信，没有了信誉，也就失去了效益。

（3）**信守合同**　从根本上说，信守合同就是在签订合同、履行合同的整个过程中，需要真诚待人，注重信誉，讲究信用。签订合同，诚心诚意；履行合同一丝不苟，不折不扣。

有一个加布罗沃人在一家银行的门口摆摊卖煮熟的老玉米，由于他的老玉米十分新鲜，来买的人很多。不久便积攒下了相当可观的一笔财产。他的一个熟人听到这消息后，专门跑来，想从他那里借一笔钱去做买卖。

这个加布罗沃人当时就回答道："太对不起了，这事照理不成问题。不过当年我开始在这里设摊的时候，便已跟这家银行订下协议：彼此决不搞残酷的商业竞争。也就是说，银行不卖煮熟的老玉米，我也决不经营贷款业务，我怎能不信守合同呢？"

3．办事公道

办事公道是指以国家法律、法规、各种纪律、政策、规章以及公共道德准则为标准，秉公办事，公平、公正地处理问题。它是在爱岗敬业、诚实守信的基础上提出的更高层次职业道德的基本要求。

（1）**热爱真理，客观公正** 办事是否公道关系到一个人以什么为衡量标准的问题。要办事公道就要以科学真理为标准，保持正确的是非观。公道就是要合乎公认的道理，合乎正义。如果不追求真理、不追求正义，办事就难以合乎公道。在学校期间，同学们应该培养热爱科学知识的热情，关注社会时事，自觉提高个人的判断力，努力分辨是非，做到客观公正。

（2）**坚持原则，不徇私情** 仅仅明白是非善恶的标准是不够的，还必须在处理事情时符合标准，坚持原则。如果为了个人私情失去原则，就无法做到办事公道。我们是未来社会的建设者，坚持办事的原则非常重要。

我国宋朝清官包拯，出生时因长相丑陋，被父母遗弃。他的嫂子于心不忍，把他收留在家，亲自哺乳，让他与亲生儿子包勉一起吃自己的乳汁长大，所以包拯称嫂子为"嫂娘"。可是包勉后来当了贪官，包拯大义灭亲，判了包勉死刑！不管嫂子怎样求情，包公铁面无私，成为我国坚持原则、不徇私情的典范。

（3）**反腐倡廉，公私分明** 追求私利会使人丧失原则，丧失立场。拿了别人的钱就要替别人办事，是不能做到办事公道的。因此，只有不贪图私利，才能光明正大；只有廉洁无私，才能主持正义、公道。

另外，公私分明是正确认识和处理个人与集体、个人与社会关系的基本要求。

吴利民是杜邦公司中国区工程部的经理。某日记者采访他时发现了一件特别有意思的事：一位公司小姐拿给他一张本月电话费清单，他在上面认真地勾出了自己因私打的电话，让公司从工资中扣除这部分用于私人的电话费。

记者不解地问，公司几十万年薪都付了，为什么还在乎这点小钱儿？对此吴先生说，勾出自己因私打的电话，看起来是小事，其实却是企业文化的一部分。作为一名员工，必须时刻要有公私意识，要有原则性，否则在工作中就有可能公私不分，为个人利益而损害公司利益。那么，电话费清单中又如何分清公私电话？公司又如何监督？吴先生说，这只是个道德约束准则，每位员工都要凭良心按这个准则办事，它考验的是员工的人品。万一被人发现、检举或查出"以公谋私"，员工一是名誉扫地，二是会立刻被炒鱿鱼。

我们应该向这些榜样人物学习，从细微处着手，培养个人的良好品质。

（4）**照章办事，平等待人** 工作原则是维持各职业正常进行的规定，是本部门、本行业长远利益、整体利益和社会大众利益的保证。按原则办事是办事公道的具体体现，如表现在对待职业对象的态度上，不能有亲疏、贵贱之分，无论是领导还是群众、熟人还是陌生人、富人还是贫民，都应一视同仁，遵章办事，服务到位。

例如，营业员在职业活动中，不以貌取人，无论是购物客人还是非购物客人，无论生人还是熟人，无论大人还是小孩，无论本地顾客还是外地顾客，都一视同仁，决不厚此薄彼。

4．服务群众

服务群众就是全心全意地为人民服务，一切以群众的利益为出发点和归宿。为人民服务要求热情周到，满足人民需求并具有高超的服务技能。具体如下：

（1）**热情周到** 热情包括主动、耐心、热心，周到包括周全、细致、实在。这是服务群众的基本途径。要做到服务群众，就必须将服务群众的观念树立起来，要甘当人民的勤务人员。

北京市公共汽车售票员李素丽为自己定下"四心原则"，在此基础上，她还为自己制订具体的要求："多说一句，多看一眼，多帮一把，多走一步；话到、眼到、手到、腿到、情到、神到。"

李素丽所在公交车的售票台旁的车窗玻璃，一年四季进出站时总是敞开的。"这样我可以更好地照顾乘客。"即使下大雨，她也要把车窗打开，给登车前脱掉雨衣、收拢雨伞的乘客撑伞。她总是说："辛苦我一个，方便众乘客。"

李素丽这种真心服务群众的精神得到了群众的认可，赢得了群众的尊重。

（2）**尊重群众，满足群众需要**　只有尊重群众，才能深刻了解群众所思、所想、所需，才能真正做到服务群众。

每个职业人无论做任何事情，都应该想到群众，想到群众的利益，实实在在地为群众服务。要急群众之所急，帮群众之所需。

（3）**努力方便群众**　每个从业者做每件事情都与群众有着联系。因此，任何职业要便民而不扰民，要真正为群众谋利益，绝不以损害群众利益为目的或手段。

湖南省湘潭市中心医院不断改善就诊流程，安装电子叫号系统，科学划分就诊区域。医院启动了"长城健康卡"自助服务，病友刷卡可以自主完成挂号、就诊、缴费等流程，还能进行网上预约。一天，院长刘平来到门诊部，看到挂号窗口排着长队，自助挂号机却闲置着，就问原因。门诊办负责人解释："许多农村病人和老年人心疼钱，不想一次性存入100元；又担心用不完，再退麻烦。""系统能改一改吗？放小面额的行不？"刘平对负责人说："应该可以。"

系统的问题可以解决，那老百姓的习惯问题怎么办？"财务科安排两个人，专门负责教病友使用自动挂号机。"刘平反复叮嘱身边的人："各部门要多站在病友的角度想问题，充分利用现代化的服务手段，实现服务的方便快捷，努力让群众满意。"

5．奉献社会

奉献社会是一种无私忘我的精神，是职业道德的出发点和归宿，也是每个从业者职业道德修养的最终目标。把自己的知识、才能和智慧等，毫无保留地、不计较得失地贡献给社会，这是一个从业者的最终目标。

上海一家物业企业的物业总监徐虎，全国劳动模范，曾在一个普通的水电修理工岗位上长期默默工作，积极主动地为居民排忧解难，用"辛苦我一人，方便千万家"的精神，谱写了一曲新时代的雷锋之歌。他对奉献有过这样的一句话："你不奉献，我不奉献，谁来奉献？你也索取，我也索取，向谁索取？"

奉献社会的基本要求就是坚持把公众利益、社会效益摆在第一位，也就是必须把社会上大多人的利益放在首位，努力促进社会生活和生态环境的和谐发展，实现个人的社会价值。爱因斯坦曾说过，人只有献身于社会，才能找出那实际上是短暂而有风险的生命的意义。

任务3　了解各行业职业道德规范

一、各行业对职业道德有哪些要求

众所周知，爱岗敬业、诚实守信、办事公道、服务群众、奉献社会，是我们从事任何职业都必须遵守的职业道德。然而，职业道德还具有行业性和职业性的特性，不同的行业有着不同的工作性质、社会责任、服务对象和服务手段。俗话说，"国有国法，行有行规"，不同的行业对于职业道德规范有着自己富有特色的具体要求。

二、行业职业道德规范有哪些具体内容

职业道德规范是各个行业的从业人员必须遵循的基本规范，只是由于各行业的性质不同，服务对象和内容不一样，在职业道德基本规范的基础上，各行业对从业人员的职业道德规范也做了一些具体的规定，这些道德规范也

存在一些差距。下面列举了几种行业的职业道德规范，供大家学习和了解。

1．营业员职业道德规范

（1）**主动热情，周到服务**　营业员在接待顾客时，态度要和蔼，语言要亲切，发挥主动性，做到：顾客近柜，主动招呼；顾客购货，主动展示商品；顾客对商品不熟悉，主动介绍商品的性能、特点、质量、价格、使用方法等。营业员要全力维护消费者利益，处处为顾客着想。对于有特殊要求的顾客，营业员要根据不同情况给予热心、周到的帮助。

（2）**一视同仁，顾客至上**　营业员对待顾客要一视同仁，不厚此薄彼。对待顾客不以貌取人，做到购物客人和非购物客人一样，做到生人和熟人一样，大人和小孩一样，本地顾客和外地顾客一样。营业员要用同等的、贴心的态度待人，让每一位顾客感受到自己尊贵的地位。

（3）**诚实守信，买卖公平**　营业员坚持诚实守信的职业道德，做老实人，说老实话，办老实事，自我养成说真话、守时间、遵守纪律的好习惯，做到"君子爱财，取之以德，诚信无欺，买卖公平"。

（4）**文明经商，礼貌待客**　营业员要文明经营，不能对顾客不礼貌，更不能辱骂顾客。要当好顾客的参谋，让顾客买得放心、买得愉快。

（5）**钻研业务，提高技能**　认真学习文化、政治等知识，努力学习本职工作的业务技术，提高劳动技能，成为本职工作的行家里手。

2．财会人员职业道德规范

（1）**爱岗敬业，勤奋工作**　干一行，爱一行，有强烈的事业心和责任感，严格遵守财经法规，不搞账外账甚至做假账；努力钻研业务，对待工作要兢兢业业，发扬主人翁精神，努力做好自己的本职工作。

（2）**努力学习，积极进取**　认真学习有关财会专业方面的知识，学习国家的财经法律、法规、制度，如《中华人民共和国会计法》《中华人民共和国合同法》《中华人民共和国发票管理办法》等，努力提升专业技能。

（3）**坚持原则，掌握政策** 掌握国家有关财经法律、法规、规章和国家统一的会计制度，严格按照规章制度办事，做到会计专门方法运用恰当、成本费用及损益核算准确、资产负债权益反映真实，保证会计信息的合法性、真实性、准确性、及时性与完整性。

（4）**遵守法纪，廉洁自律** 遵守职业道德，忠于职守，正确处理国家、集体和个人三者利益关系，把好关口，依法理财，当一名合格的经济卫士。不计较个人得失，不弄虚作假，树立良好的职业品德、严谨的工作作风，做到"不唯上，不唯情（钱），只唯法"。

（5）**开阔视野，勇于创新** 积极参与单位的管理和决策，为提高单位经济效益出谋划策，勇于创新，不断改革，不断修订、补充和完善各个管理体系，使财会工作形成制度化。

3. 医务人员职业道德规范

（1）**同情尊重，一心赴救** 理解、体谅病患者的病痛，并给予全力的解救；尊重病人的人格，排除干扰、全力以赴地救死扶伤；面对病患者，切不可熟视无睹、无动于衷、麻木不仁、冷若冰霜，更不能认钱不认人，把"为人民服务"变味为"为人民币服务"。

（2）**严肃认真，一丝不苟** 保持严肃的态度，具备精湛的医疗技术，通过严密的观察、周密的思维、严格而谨慎的操作，救死扶伤。认真对待本职工作，维护人民的生命，增进人民的身心健康。

（3）**平等相待，一视同仁** 不分高低贵贱，对待患者一视同仁。那种蔑视病人的人格，甚至利用职权搞不正当交易、谋取私利的行为，绝对是违背社会主义医德规范的，会遭到广大公众的抵制和谴责。

（4）**举止端庄，保守医密** 在与病人交往中要讲究文明礼貌，举止文雅，端庄可亲。同时还要为病人保守病情"秘密"，不随处传播扩散；不利用工作之便，侵害病人权利。

（5）**钻研业务，精益求精** 必须认真钻研医学技术，对技术精益求精，勇于攻克疑难病症，积极进行革新创造，不断开拓医学新领域，更好地保障人民的生命健康。

4．秘书人员职业道德规范

（1）**忠于职守，履行职责**　忠于职守就是要忠于秘书这个特定工作岗位，自觉履行秘书的各项职责，认真辅助领导做好各项工作；要有强烈的事业心和责任感，不擅权越位，不掺杂私念，不渎职。

（2）**服从领导，当好参谋**　秘书人员必须服从领导决策的意图，当好领导的参谋和助手，严格按照领导的指示和意图办事，具备很强的执行力。

（3）**兢兢业业，甘当无名英雄**　密切联系实际和群众，不计个人得失，踏实肯干，保持吃苦耐劳，甚至委曲求全的精神，努力做好分内工作。

（4）**谦虚谨慎，办事公道**　善于与各职能部门沟通，虚心听取他们的意见，善于协调矛盾，搞好合作。一视同仁，秉公办事，对领导、群众一个样。切忌因人而异，亲疏有别。作风正派，充满无限热情与活力。

（5）**遵纪守法，廉洁奉公**　遵守职业纪律和与职业活动相关的法律、法规，坚持在法律和纪律允许的范围内工作，廉洁自律，不徇私情。坚持原则，不利用职务之便假借领导名义以权谋私。坚持以国家、人民和本单位整体利益为重，自觉奉献，以自身的实际行动抵制不正之风。

（6）**恪守信用，严守机密**　严谨缜密、忠于职守、恪守信用，做到遵守信用、遵守时间、遵守诺言。严格执行国家有关保密规定，严守党和国家的机密，不在任何场合向任何人炫耀和泄露，自觉加强保密观念。

（7）**刻苦学习，提高素质**　刻苦学习，努力提高自身的思想素质，具有广博的科学文化知识，学习能力强，适应能力强。

（8）**钻研业务，提高技能**　努力学习，刻苦钻研，努力掌握与秘书工作有直接或间接关系的各项技能。

5．商业人员职业道德规范

（1）**爱岗敬业，履行职责**　确立职业的责任感与荣誉感，摒弃轻视商业和服务性工作的陈旧观念。要忠实履行岗位职责，真心实意为顾客服务。

（2）**诚实守信，讲究信用** 严守商业信用，买卖公平，货真价实，童叟无欺。不缺斤短两，不销售假冒伪劣商品，不作虚假广告宣传。介绍商品时要实事求是，严格执行国家价格政策。

（3）**优质服务，文明经商** 对顾客一视同仁，为顾客创造整洁优美环境，举止文明，用语礼貌，待客热情，服务周到，讲真话，卖真品，献真心，切实维护消费者利益。

（4）**爱护商品，优化服务** 必须爱护好商品，讲究卫生，不出售任何变质的商品，不以次充好，自觉优化服务。

（5）**坚持正义，回报社会** 严格执行有关规定，不私买私卖，不以营业权谋私利，接受群众监督，欢迎群众批评。坚持社会责任心和正义感，积极回报社会。

6．教师职业道德规范

（1）**爱国守法** 热爱祖国是每个公民，也是每个教师的神圣职责和义务。建设社会主义法治国家，是我国现代化建设的重要目标。要实现这一目标，需要每个社会成员知法守法，用法律来规范自己的行为，不做法律禁止的事情。

（2）**爱岗敬业** 没有责任就办不好教育，没有感情就做不好教育工作。教师应始终牢记自己的神圣职责，志存高远，把个人的成长进步同社会主义伟大事业、同祖国的繁荣富强紧密联系在一起，并在深刻的社会变革和丰富的教育实践中履行自己的光荣职责。

（3）**关爱学生** 亲其师，信其道。没有爱，就没有教育。教师必须关心爱护全体学生，尊重学生人格，平等公正对待学生。对学生严慈相济，做学生的良师益友。保护学生安全，关心学生健康，维护学生权益。

（4）**教书育人** 教师必须遵循教育规律，实施素质教育。循循善诱，诲人不倦，因材施教。培养学生良好品行，激发学生创新精神，促进学生全面发展。不以分数作为评价学生的唯一标准。

（5）**为人师表**　教师要坚守高尚情操，知荣明耻，严于律己，以身作则，在各个方面率先垂范，做学生的榜样，以自己的人格魅力和学识魅力影响教育学生。要关心集体，团结协作，尊重同事，尊重家长。作风正派，廉洁奉公。自觉抵制有偿家教，不利用职务之便谋取私利。

（6）**终身学习**　终身学习是时代发展的要求，也是教师职业特点所决定的。教师必须树立终身学习理念，拓宽知识视野，更新知识结构。潜心钻研业务，勇于探索创新，不断提高专业素养和教育教学水平。

王洪军被誉为"中国钣金王"，但在平凡的岗位上，他依然是一名普通的钣金工，每天都在实践着一个钣金工的职业道德。这些道德规范里，既有与职业道德基本规范相同的内容，也符合汽车生产与维修行业和钣金工种的特点，这些内容将规范所有从事这一岗位工作人员的职业行为，不会因为某个人而改变。而经过多年磨炼，王洪军成为中国钣金工职业道德的楷模。

王洪军（中）与同事钻研技术

1．爱岗敬业

王洪军是爱岗敬业的楷模，主要表现在：他严守岗位、尽心尽责、精益求精。

2．乐于奉献

王洪军是一个乐于奉献的人，主要表现在：他的职业意识强，勤业意识强，奉献意识强。

3．钻研业务

王洪军不断钻研业务，表现在：他认真学习技术，不断提高工作技能，他认真学习管理业务知识，努力提高管理工作业务能力，努力尽好自己的管理责任，实现岗位的价值；他努力拓宽个人的知识层面，提高综合分析、解决问题的能力；他艰苦奋斗，不断奉献汗水，无私奉献个人的智慧。

4. 忠于职守

王洪军是一个忠于职守的楷模，表现在：他严格把住技术关，遵守行规、行约，尽职尽责、勇于革新。

5. 团结协作

王洪军善于合作，表现在：他能正确处理集体和个人的关系，把自己的技术传授给许许多多的人。

任务4 养成职业道德行为

一、职业道德行为养成的内涵是什么

从业者在一定的职业道德知识、情感、意志、信念支配下，自觉地按照道德规范要求进行有意识的训练和培养，称作职业道德行为养成。这是职业道德原则和规范具体落实到职业活动中的必由之路，所谓言行一致，知行统一，就是这个道理。每位从业者只有通过职业道德行为养成，才能最终实现个人的职业价值，达到崇高的职业道德境界。

实际上，一个人要做好工作，必须具有多方面的素质，其中职业道德素质最为重要，因此，自觉地提高个人的职业道德修养，积极主动地培养个人的职业道德行为，是促进个人事业发展，实现个人价值的最根本的途径。

二、职业道德行为养成有哪些途径

1. 在日常生活中培养

职业道德行为首先要通过日常生活来培养。职业道德行为有两大特点：自觉性和习惯性。培养人的良好习惯的载体就是日常生活。因此，我们要紧紧抓住这个载体，有意识地坚持在日常生活中注重培养自己的良好习惯；久而久之，习惯成自然就成了一种自觉行为。

想一想：你是否能从小事做起、严格遵守行为规范呢？你是否能坚持自己动手做实验，克服困难、攻克难关？你能否关心集体、关心同学，在集体中彰显你的个人魅力？

所谓"冰冻三尺，非一日之寒"，良好职业道德行为的养成就要从日常生活中的一些小事做起，从自我做起。

2．在专业学习中加强训练

职业道德行为之所以要在专业学习中训练，是因为专业理论知识与专业技能是形成职业信念和职业道德行为的前提和基础。职业道德行为习惯的养成，离不开知识的学习和技能的锻炼。一个职业人只有具备深厚的专业知识、精湛的职业技能，他所拥有的职业道德知识、情感、意志和信念才会淋漓尽致地发展出来，才能在自己的职业岗位上作出应有的贡献。而知识和技能是要靠日复一日的钻研和训练才能取得的。具体要求有以下两点：

（1）**增强职业意识，遵守职业规范**　通过专业知识学习，可以使人获得专业理论和专业知识；通过专业实习，可以使人了解专业、了解职业及其相关职业岗位规范，是培养职业意识、养成良好职业习惯的基本途径。在专业学习和实习过程中，要增强职业意识，遵守职业规范，这是未来干好职业、实现人生价值的重要前提，对人生起着至关重要的作用。

（2）**重视技能训练，提高职业素养**　技能即职业技能，是一个从业者职业素质的核心，也是促进个人就业的关键因素。先进的技术可以引进，现代化的管理模式可以借鉴，高精尖人才也可以引进，但大批量的技术工人是不可能引进的，只能靠职业技能教育来培养。任何职业都有专门的职业技能，它标志着一个职业人的能力因素是否能胜任工作的基本条件，也是实现人生价值的基本条件，这一点是不可忽视的。

总而言之，在学校学习生活中，每位同学都要加强对专业技能的训练；要向劳动模范、先进人物学习经验；强化技能训练、培养过硬的专业技能；不断提高自己的职业素养，培养职业道德行为。

李斌曾是一名技校生,被评为全国著名劳模,是当代技术工人的一面旗帜。上海电气李斌技师学院,是全国首家以技术工人的名字命名的学院。学院成立之初,校方曾决定每年付给李斌3万元劳务费,被李斌坚决拒绝了,对此李斌认为:"如今,社会舆论对'技术工人也是人才'的观念在不断认可,

尽自己所能为发展技师学院提高职工技术水平出力,我责无旁贷。"为进一步发挥劳模的品牌效应,提升学院的社会知名度,学院聘任了包起帆、徐虎、唐建平等7位劳模为特聘教师。学院设立了"劳模讲座",请李斌和其他劳模们讲课,让学员零距离接受劳模精神。

3. 在社会实践中体验

丰富的社会实践引导生活中每个人的发展,是成才的基础,是实现知行合一的主要途径。职业道德行为的养成需要社会实践,社会实践是职业道德行为养成的基本途径。新时期众多的职业道德先进人物、职业道德标兵、劳模的职业道德行为都是通过职业活动的实践展现出来的,这证明了社会实践的现实作用。在社会实践中体验职业道德行为的方法有:

(1)**参加社会实践,培养职业情感** 离开社会实践,我们既无法深刻领会职业道德理论,也无法将职业道德品质和专业技能转化为造福人民、贡献社会的实际行动。因此,应该将自己投入到生产实习、为民服务、青年志愿者活动、参观、社会调查、采访劳模和优秀毕业生等社会实践中。只有有意识地进行职业体验,才能进一步了解社会、了解职业、了解自我,熟悉职业对人才各方面的要求。体验职业,能够明确社会对人才的道德素质要求;陶冶职业情感,能够培养对职业的正义感、义务感、热爱感、良心感、幸福感和荣誉感。

(2)**学做结合,知行统一** 作为在校学生,在学习活动中,为了提高思想和业务水平,以适应未来工作的需要,实践训练是一个不可缺少的环节。以旅游专业为例,学生在学习专业知识的基础上,积极参加学校开展的服务

性劳动。学生们轮流服务，按前厅、客房、餐厅等部门分组，由学生自我管理。服务项目有多种，包括值勤、站岗、维护校内秩序、为学生食堂卖饭、为教师联欢会提供正规服务等。按照饭店服务章程，学生们有序地做着这些工作。通过这些服务性劳动，能够增强学生的服务意识，培养他们的职业习惯。很多毕业生一走上岗位，就受到单位领导的青睐。他们对自己进行严格要求，积极处理每项任务，充分发挥在校时的特长，努力为人民、为社会服务。有些人很快就成为基层骨干，这都是学生在校期间积极参加社会实践、进行刻苦磨炼的结果。

4．加强自我修养

事实证明，凡是道德品质高尚的人，都能够自觉进行道德修养并能够注重职业道德行为的养成。自我修养过程中应注重以下几点：

（1）**体验生活，经常进行"内省"**　内省即在内心省察自己的思想、言行有无过失，是否符合社会主义道德原则，是否符合时代发展的要求。

对于学生来说，体验生活，经常进行"内省"，就是要通过职业生活实践，来认识职业，了解职业生活对职业人职业道德的要求，找出自己职业活动中的行为与职业道德规范的差距，进行省察检讨，不断修正内心道德规范标准，达到知耻而后勇的目的。经过内省，将会实现"自我超越"。

进行"内省"时要做到，一要严于解剖自己，善于认识自己，客观看待自己，勇于面对自己的缺点；二要敢于自我批评、自我检讨；三要有决心改进自己的缺点，扬长避短，在实践中不断完善自己的职业道德品质。做到了这些，才能更好地做到"内省"。

（2）**学习榜样，努力做到"慎独"**　"慎独"语出《礼记·中庸》，原话是："莫见乎隐，莫显乎微。故君子慎其独也。"意思是说君子在人们看不见情况下，总是非常谨慎；在别人听不到的时候，也十分警惕。最隐蔽的东西最能看出人的品质，最微小的东西最能显出人的灵魂。所以，君子独自一人，没有旁人监督时，总是非常小心谨慎，不做任何违反道德的事。"慎独"精神从防微杜渐，培养自觉自我改造精神来说是可贵的，是一种较高的思想品德修养境界的表现，它标志着一个人的职业道德修养已达到高度自觉的程度。

在市场经济条件下，我们更要向先进人物学习。俗话说："榜样的力量是无穷的。"在向先进人物学习，向所有为革命事业、为祖国建设、为人民利益作出贡献的革命导师和无产阶级革命家以及英雄模范人物学习的过程中，要以先进人物高尚的、优良的品质作为自己进行修养的目标，以榜样的力量感染自己，真正做到"慎独"。

山山就读于某高级技校，学习模具制造专业，令人羡慕，因为该专业的就业形势相当不错。有的同学还未毕业，便被用人单位预定，应该说，山山的就业前景是非常乐观的。可是山山却很苦恼。在他的心里，一直有一个夙愿，就是想做一名幼儿教师。他觉得自己的理想就是做一名优秀的幼师。他开始讨厌自己，讨厌这个让人羡慕的专业，也埋怨父亲没有让他填报幼师学校，他的学习兴趣一点也提不起来，迷迷茫茫过了一个学期。第二学期里，学校组织实习，师傅看出山山的心思，语重心长地教导山山："与其这么混日子，不如实实在在学点技术，将来总会有出息的。"

从此，山山认真学习，掌握了较为过硬的模具制造技术。临近毕业时，山山又遇到一些麻烦事，同班的同学都已"名花"有主了，唯独他一直晃晃悠悠地留在学校里实习。山山依然想朝着自己的理想努力一下：他一鼓作气连找了三家幼儿园，高兴而去扫兴而归。第一家说他是技校毕业而不是幼师毕业，专业不对口；第二家不要男生；第三家给了他一个机会，但初试没有过关。

为了生存，山山到一家模具厂工作，虽然不是自己的理想工作，但山山依然非常努力工作，刻苦钻研业务，深受师傅、同事的赞赏。

一年后，好机会终于降临了。由于山山基础扎实，勤学好练，模具厂将他聘为模具培训中心实习的指导教师。他开心极了，终于圆了自己的梦，虽然不是幼师，毕竟也是一名教师。

山山是一个善于思考、善于学习的人，你愿意做这样的人吗？

5．在职业活动中强化个人的职业道德行为

职业活动是人类社会生活中最普遍、最基本的活动，它是检验一个人职业道德品质高低的最佳方式。在职业活动的实践中，应强化职业道德基础知识的运用，强化职业道德行为的规范，强化职业道德基本规范的掌握与遵守，强化行业道德规范的掌握与遵守。要在职业活动中强化职业道德行为。"强化"指通过某一事物增强某种行为的过程。在职业活动中，强化职业道德行为要做到以下两个方面：

（1）**将职业道德知识内化为信念**　内化是指把在外部学到的职业道德知识、规范通过消化吸收，再结合实际，转化成个人内心坚定的职业道德信念，即对职业道德理想与职业道德原则和对自己履行的职业责任与义务的真诚信奉。它是职业道德知识、情感和意志的共同作用的结果，也是人们职业道德行为的强大动力和精神支柱，只有将职业道德知识内化为信念，才能使职业道德行为具有坚定性和持久性。

（2）**将职业道德信念外化为行为**　外化是指把自身的职业道德情感、意志和信念转变成个人自觉的职业道德行为，指导自己的职业活动实践。在职业活动实践中，我们应言行一致、表里如一，始终遵守职业道德规范，履行自己的责任和义务，做一个具备高尚道德的职业人。

在人生的职业生涯中，职业道德行为养成有着至关重要的作用。在学习生活中，要注重行为规范训练，养成良好的行为习惯，要加强职业道德修养，提高职业道德素质；要坚持参加各种社会实践，在实践中培养良好的职业道德行为，形成高尚的职业道德。正如某位革命导师所说："一步实际行动胜过一打纲领。"

我从学校毕业已经近一年了，有人说90后的年轻人缺乏较强的职业道德意识，不好管，难沟通。可我并不这么认为，我昔日的同窗有的不到一年就小有成就了。我在学校并不比他们差，我还获得过三好学生的荣誉呢，可是回头看看我的这段工作经历，心里的滋味可谓五味俱全。

没错，这一年来我辞过职，也被老板炒过了两次鱿鱼，经历了一些风雨。

这不是潇洒，更多的只是无奈。我供职过的三家公司，最长的工作也不过三个月。

最初我到广州找工作，是出乎意料的顺利，我在求职网站上投简历，几天后我就接到一家广告公司的录用通知，职位是网页设计与美工。当时我十分珍惜这次就业机会，很卖力地工作，半个月后，因为一两次不经意的迟到，我便被解雇了。现实有点残酷。

第二份工作可谓来之不易。面试、笔试、复试折腾了一整天，我被通知录用了，依然做网页设计与美工。应该说相对前一份工作，这家公司无论是规模还是员工素质都好很多。然而，也许是因为我涉世的稚嫩，也许是因为我个性太强，跟公司里的员工相处不了，主管给我的实习评价是"不善沟通，工作主动性不强"。两个月不到，我被辞退了。

于是我寻找第三份工作，三个月后我自己辞职了。原因是我不想把自己宝贵的时间浪费在一家没有什么前途的公司。

我这个人总能拥有许许多多的想法，我正在积极寻找机会，我希望我能更懂得去珍惜机会，更多注重埋头苦干，更多地学会沟通。不过，每到关键时候，我又不能自控。也许这就是我，一个90后的年轻人必须经历的吧！

 你将成为一个什么样的年轻员工？

思考与训练题

一、思考题

1．什么叫做职业道德？
2．职业道德规范内容有哪些？
3．职业道德行为养成有哪些途径？
4．如何做一个爱岗敬业的员工？
5．分组讨论分析以下资料：

全国诚实守信标兵候选人明金贵是内江市东马禽业有限责任公司董事长，

他恪守"树诚信之标榜，立诚信之根基"的经营理念，实施"公司+基地+农户"订单寄养的发展模式。几年前，养殖行业行情非常低迷，明金贵的公司每回收一只农户的成鸡，就直接亏损3~5元，但明金贵并没有像其他公司一样违背合同，而是坚决按协议保护价全数收购，仅此一项公司当年就亏损高达500多万元。然而，此举赢得了农民兄弟的充分信任，500余户农民加入了明金贵的合作模式，1000余养殖户走上致富之路。良好的诚信和口碑使明金贵的公司步入了良性的发展轨道。

请讨论分析一下，养殖行业行情非常低迷的时候，明金贵可以选择什么样的方法规避自己的损失？这种做法可能带来怎样的结果？

1）降低收购价，减少公司的损失。
2）不收购农户的成鸡，转产经营其他项目。
3）向政府部门求助，等待政府救市。

二、技能训练题

1）请你通过采访或者网络、资料搜索等方法，寻找你所学专业对应的行业职业道德规范。

2）针对个人情况，你与这些职业道德规范要求存在哪些差距，请你作出职业道德培养的计划。

行业职业道德规范	自己与规范的差距	训练计划

3）以你的班级或者你所参加的社团为单位开展一次为民服务的活动，在活动中体验职业道德情感，进行职业道德行为的养成，培养良好的职业道德行为。

①经过讨论，共同制订为民服务活动的时间、地点、形式。
②设计好活动的程序和活动的具体内容。
③活动结束后，请大家一起交流活动的收获，分享体验。

4）职业心理测试：检测一下你的责任心。

下面以问答题形式测试你的责任感。每题有三个选择：是、不确定、不是。

①你是否具有较强的自信心？
②你是否上课不迟到、不早退？
③你容易被同学信赖吗？
④你总是以严肃、负责的态度对待生活吗？
⑤你是否从不食言？
⑥你有给人回信的习惯吗？
⑦你认为自己是守信用的吗？
⑧当早晨需要准时起床到校上课，你上闹钟吗？
⑨你是否奉行这样的准则："先苦后乐"？
⑩你从不随手扔纸屑果皮吗？
⑪你每天是否早晚两次刷牙？
⑫如果你在街上捡到一件值钱的东西，你能否上缴或寻找失主？
⑬你是否觉得为自己生活消费的事精打细算毫无意义？
⑭你信守"只有自己感兴趣的事才做得好"的格言吗？
⑮你是否喜欢放任自己的生活呢？
⑯你习惯于事情到非做不可的地步才去做吗？
⑰你是否有这样的思想："任何事均听天由命"？
⑱你觉得万事开头难，就尽量拣容易的事做吗？
⑲你是否难于做那些需要持久集中注意力的事情？
⑳你是否常常丢三落四？
㉑总的说，你是一个不爱动脑筋的人吗？
㉒你对写文章投稿从不问津吗？
㉓你被认为是一个不容易相处的人吗？
㉔在学习时你是否经常草率粗心？

㉕你对未来是否不太关心呢？
㉖你是否赞成"多一事不如少一事"的信条？
㉗偶尔你也旷课逃学吗？
㉘你不太关心班级的卫生值日表吗？
㉙你对自己的身体情况不太注意吗？
㉚你是否有时找借口设法推卸责任呢？

计分标准：

1~12题，肯定回答得1分，否定回答不得分，无法确定的得0.5分；13~30题，肯定回答不得分，否定回答得1分，无法确定的不得分。

分析评价标准：

得分15分以上的，属于认真谨慎，稳重可靠，责任心强，甚至可能有点强制性；得分15分以下的，属于平时随随便便，漫不经心，不拘礼节，毁约失信，难以预测，多少缺乏社会责任感、义务感。

怎么样？对你的测试结果满意吗？如果结果表明你是一个不负责任的人，那么从今天开始，你可要培养自己的责任感了！怎样才能培养自己的责任感呢？第一，当干部、参加义工活动都是培养责任感的很好的途径；第二，按时完成作业、学好每一科的理论知识和技能，就是对自己的未来，对社会负责任的体现。否则，就是一个没有责任感的人，一个对自己都不负责任的人，我们还敢期望他对工作负责吗？

单元4　职业意识的培养

知识目标

1. 责任意识的培养；
2. 工作规范意识与质量意识的培养；
3. 服务意识与沟通意识的培养；
4. 团队合作意识的培养；
5. 劳动关系与权益保护意识的培养。

技能目标

1. 责任意识训练；
2. 团队合作意识训练；
3. 签订劳动合同。

职业感言

"我为我的职业、我的岗位自豪，是它给了我每天都能向他人奉献真情的机会，让我每一天都感到充实。对内我代表首都，对外我代表中国。"

——北京市公共汽车售票员　李素丽

| 职业道德与职业素养 |

 案例分享

迪斯尼乐园的清洁工

有个留学生去美国迪斯尼乐园应聘清洁工，园方说要进行三个月培训，他大吃一惊："不就扫地吗，还用培训？告诉我负责范围就行了。"园方说："真没那么简单。"待拿来培训课程一看，这位留学生又大吃一惊：这儿哪是培训清洁工，简直是培训"游乐园园长"啊！这是一份什么样的培训课程呢？

第一项，要熟记游乐园内所有游乐设施和公共设施的位置。如果游客有需要，必须在第一时间告诉他们"最近的卫生间、餐厅、出口、急救站、游乐项目……"的位置。

第二项，学习修理轮椅和童车。清洁工随身配发简单修理工具，遇到游客的车坏了，能及时提供帮助。

第三项，培训各种相机的使用方法以及照相的基本知识。当游客家人要合影时，你可以提供很好的帮助。

第四项，学会照顾孩子。当妈妈们想去卫生间时，穿着制服的你代表游乐园，是"可信赖的人"。你要好好地看护孩子，让妈妈们安心。

第五项，学习简单的"手语"。如果有语言和听力障碍的残疾人需要帮助，你能应付自如。

第六项，掌握急救小常识。遇到心脏病病人，跌倒受伤的孩子，能及时施救。

还有第七、第八、第九项……

关于清洁工技能培训内容，有如何清扫不扬尘，如何避开游人的脚……。

每个清洁工的责任是什么？经过培训，这位留学生明白了：清洁工的责任还是"修理工、摄影师、急救员、保姆……"

看来任何一个行业的责任范围都具有延展性，只要你想做，服务范围可以无限扩大。清洁工在游乐园的地位也变得非常重要。

迪斯尼的理论是要把清洁工培训成为顾客最可信任的人，把所有的员工培养成为具有职业意识的人。那么，什么是职业意识呢？职业意识集合了法律法规、行业规定、企业条文等方面，细分为责任意识、规范意识、质量意识、服务意识、沟通意识、团队合作意识、劳动保护意识等。职业意识需要通过家庭教育、学校教育及个体自我发展得到培养与训练。

任务安排

任务1 培养责任意识

一、什么是责任意识

1. 责任意识的含义

《新华字典》对"责任"一词的注解是：分内应做的事和没做好分内事而应承担的过失。责任能体现一个人的人生观、价值观和世界观，表现他对待人生和生命环境的态度。

责任意识，是指清楚明了地知道什么是责任，并自觉、认真地履行自己的职责，把意识转化到行动中去的心理特征，经常被称为"责任心或责任感"。

根据责任文化研究专家唐渊在《责任决定一切》（清华大学出版社）中的阐述，责任是一个完整的体系，包含五个方面的基本内涵：责任意识是"想干事"；责任能力是"能干事"；责任行为是"真干事"；责任制度是"可干事"；责任成果是"干成事"。

2. 责任的重要性

在一项调查中，用人单位对毕业生各方面素质的看重程度显示为：责任感（意识）4.56 分、团队精神 4.42 分、事业心 4.37 分和自信心 4.29 分，满分均为 5 分。企业认为责任等同于使命，员工的责任意识能体现他对企业的忠诚度和热爱感。具备责任意识的个人及团队，能尽职尽责地完成工作，如果能"多做一点点"，则能产生优秀的员工和优秀的团队。

近年来，不少企业反映，刚刚毕业进入职场的学生往往就业的态度不够端正、很浮躁，工作状态不够理想，主要表现在以下 5 个方面：

1）基础知识不扎实，专业技能不强，且静不下心去学习。

2）工作很被动，不积极，也不虚心向前辈学习。

3）没有组织纪律，对工作，对企业的业务学习等活动很不重视，随便应付。

4）受不得委屈，往往因一点小事就跳槽，把问题带到另一个工作单位。

5）心高气傲，不肯承认错误，喜欢找借口为自己推脱责任。

这些现象令企业管理者感到十分头疼。他们认为，刚踏入职场的毕业生缺乏过硬的技能并不可怕，只要加以引导和耐心指点，工作很快可以上手。但如果心态不好，责任心不强，则很难得到改进，企业往往会主动放弃这一类人员。

二、如何培养责任意识

1. 敢于承担责任

对自己负责，表现为自尊、自爱、自立、自强、自控；对他人负责，表现为尊重、宽容、友善、共处；对家庭负责，表现为孝悌、感恩、回报；对工作负责，表现为尽职、忠诚、热爱；对社会和国家负责，表现为进取、守法、奉献等。一个成熟的人，应该是可以对自己、对他人、对家庭和对国家负责的人；一个不成熟的人则往往逃避责任。下表为持有不同责任心的人的表现：

逃避责任——不成熟的表现	勇于担当——成熟的标志
1）不关我的事。	1）我要负责！
2）关我什么事嘛。	2）我能够从小事做起！
3）我试试看吧！	3）我一定完成任务。
4）我想会有人来处理的。	4）我服从领导安排！
5）又没有人问过我。	5）我会尽职尽责把工作做好！
6）又没有人告诉我。	6）对不起，这是我的错，我接受处罚。
7）为什么要找我？	7）我愿意承担责任！
8）反正无所谓。	8）我将承担一切后果！
9）反正没有人知道。	9）答应别人的事情，我一定要完成！
10）反正这不太重要。	10）请您相信我！
11）反正大家都是这么做的。	
12）又不是我一个人，干吗就说我一个人呀？	
13）没有人叫我起床，所以我迟到了。	
14）迟到几次算什么！	
15）大家都这样，我何必那么认真呢！	

你是一个勇于担当，可以委以大任和值得托付的人吗？

2．细分责任，悉心培养责任感

（1）**培养角色意识，做好每一件小事**　把承担的每件事当成本职工作，尽职尽责去完成。无论是帮助家人拖一次地，还是照顾邻居家的爱犬，以及担任某个班干部职务，都要把它看成是一份"工作"，一旦承诺、接受，就要认认真真去完成。我们一直说，"认真可以把事情做对，用心才能把事情做好。"用心就是自始至终的认真。如果责任感缺失，就会不在乎细节，也看不到细节，更无法做好细节。

有一次，某学校选派几位同学帮助一家合作企业搞宣传，他们的主要任务是派发宣传单。第一天上班，几位学生就迟到了十分钟，虽然能按基本要求工作，但总体上缺少积极主动性。活动结束以后，企业向学校真诚表达了他们对这些学生的看法，学校也意识到引导得不够。后来学校专门针对此事教育学生：即便是以帮助者的身份出现，也应全力以赴，做到最好，应该积极主动，决不能迟到；外派到企业参加工作，所代表的是学校形象，企业可以通过学生来考察学校的教育成效；更为重要的是，哪怕是短时间的工作，也应立即进入角色，融入企业为其工作，因为派单员在当时所要代表的是企业形象。经过这样的教育，学生们受益匪浅，学校也吸取了教训，加大对学生责任心的教育和引导。

古人云"在其位谋其政"。既然承担了某一项任务，就要尽心尽力地把它干好。上海电气液压气动有限公司液压泵工段长——全国十大杰出工人李斌就是这方面的典型。正是靠挤和钻的敬业精神，以及强烈的责任心，他从一名初级技工成长为一位专家型的技术工人，两次荣获全国劳动模范和全国五一劳动奖章，从而成为现代蓝领的楷模。

（2）**培养社会责任意识** 企业认为责任胜于能力，是敬业精神的表现。良好的责任意识能体现个人对企业的忠诚和对工作的热爱，而这需要个人自觉的习惯、意识去维护。孩子在家中分担家务，学生在学校担任干部，都能为培养责任意识提供平台。职业院校各类社团活动能为培养责任意识创造条件，从家庭劳动到班级值勤，从学习知识到校外活动，都可以以任务形式交由学生完成。

现今，志愿服务和环境保护是学生参与社会实践的大好平台，可以帮助在校学生建立社会责任感、激发学生的助人奉献精神。广州在举办完第16届亚运会后，继续开放志愿者服务站"西关小屋"，并把它们分派到各大高校，指引大学生利用课余时间服务社会，造福于民。随着志愿者服务制度的完善，国家对青年一代的社会责任意识培养也落到了实处。作为新一代的学生，应该自觉树立较强的社会责任感，寻找各种机会锻炼自己，促使自己成为一个责任心强的、可以成就事业的人。

（3）**勇于承担过失** 人们追求正确地做事，做正确的事，但失误在所难免。发生过失时，有责任心的人具有很强的承担意识，敢于直接面对问题，并想办法尽快解决问题。

承担意识包括个人导致的问题全部承担，并迅速补救，以最大程度挽回损失；还包括与集体一起分摊责任，尽己之力参与补救。西点将军布莱德雷有一句名言说道：如果你存心拖延、逃避，你自己就会找出成千上万个理由来辩解为什么不能够把事情完成。承担过错，意味着拒绝借口。

（4）**培养控制意识** 包括控制自己的欲望、时间、目标、承诺、情绪等。责任意识强的人，要求清楚地知道自己能做什么、不能做什么、要做到什么、在什么时间完成和对谁负责。一个负责任的教师，不会把突遭的不幸带上讲台；一个有责任的医生，不会把昨日的忧伤带到手术台；一个负责的司机，不会把没有评到优秀的失落带进驾驶室……

（5）**培养追求完美的意识** 在这个世界上，许多人对自己的工作并不满意，但他们却不努力去改变自己的现状，年复一年、日复一日地默默忍受着工作为他们带来的苦恼。一些人认为，老板给我多少钱，我就给他做多少事，八点钟打卡，绝不七点半到，做一天和尚就撞一天钟。殊不知，机遇总是垂青那些有准备的人，只有在工作中使出十二分甚至更多力气的人，才会得到先机。追求完美，不全在结果，更在于过程的美好。人在追求完美的过程中，自己才是最大的赢家。

美国有一个非常负责任的女管家，由于她忠于职守，受到约翰逊总统的赞誉。

一天，美国经济学家葛尔布莱回到家后感觉疲惫不堪，想睡一个好觉，于是他特意吩咐女管家，无论谁来电话，都不要打搅他。

但是，当他刚刚入睡，约翰逊总统就来电话找他。女管家和气、委婉地向总统解释："葛尔布莱先生刚从国外讲学回来，很疲劳，刚刚入睡。请您原谅，总统先生！我暂时不能叫醒他。"

约翰逊总统说有要紧的经济政策问题要同葛尔布莱商量，执意要管家叫醒他。女管家耐心地解释说："不，总统先生，他身体有些不适，方才特意嘱咐过我，他不接任何人的电话。我现在只能是替他工作，为他负责，而不是替你工作。请您放心，待他醒过之后，我一定将你打来电话的事情及时转告他。何况只有在他休息好之后，才能精力充沛地同你讨论经济政策问题，你说对吗，总统先生？"

女管家的话有理有据，约翰逊心服口服，只好放下电话。葛尔布莱醒来之后，立刻去见总统，并表示了深深的歉意。没想到约翰逊总统丝毫没有责怪之意，反而对女管家大家赞赏，并建议说："请转告你的女管家，如果她愿意，那就请她到白宫来工作，这里需要像她那样的人。"

任务2　培养工作规范意识与质量意识

一、什么是工作规范

工作规范又称岗位规范，是指从业者要有胜任某项工作所必备的资格与条件，以及完成某项工作所需遵循的规定或操作的程序。工作规范能全面反映企业对从业人员的品质、特点、技能以及工作经历等方面的要求。主要包含的内容有：一是岗位对员工的专业素养要求。每个岗位都有特定的职责，要求员工熟练掌握业务知识及技能，能完全胜任工作。二是岗位对员工提出的行为规范，包括日常礼仪与交际、工作程序与操作规范等内容。前者提出的是综合素质要求，后者涉及服饰、举止和言谈等礼仪规范。一些公司因业务需求对握手、见面、电话、拜访和接待等规范提出了明细的要求。

例如，海尔集团规定了售后服务的12345服务规范及模式：

一证件：

上门服务时出示"星级服务资格证"。

二公开：

公开出示海尔"统一收费标准"；

公开一票到底的服务记录单，服务完毕后请用户签署意见。

三到位：

服务前"安全测电到位"；

服务后清理现场到位；

服务后向用户讲解使用知识到位。

四不准：

不喝用户的水；

不抽用户的烟；

不吃用户的饭；

不要用户的礼品。

五个一：

送上一张名片；

穿上一副鞋套；

配上一块垫布；

自带一块抹布；

提供一站式产品通检服务。

二、工作规范意识有什么重要性

有一本书叫《第一次把事情做对》，其中谈到的观点及罗列的事例、数据令人深省。该书作者认为，在21世纪，竞争是唯一的生存手段，即使是做到了"第一次就把事情做对"，这个组织都不一定能100%地保证生存下来或者长久保持领先地位。所以，每个人、每个组织如果要获得长久的发展，必须时刻保证自己"做对事情"。

企业员工的职业素质和职业行为规范的程度，左右着企业的管理成本，直接影响企业运转的效率，甚至决定着企业的存亡。西方企业经过100多年的竞争、发展，已形成了一整套成熟的经验。关于员工职业素养的训练和职场工作的规范，不仅涉及敬业、主动、富有责任感等抽象的概念，而且更广泛、更深入地涉及如何在实际工作的每一个环节去训练工作规范，包括如何请假，如何开会，如何写书面报告，甚至怎样发脾气等内容。一旦建立这些规范，就必须具有标准性、普遍适用性、行为导向性、强制性和权变性。要把工作做好，就必须按照规范的操作。因此，无论是谁，进入职场后，首先要做的事情就是学习并自觉地遵守相关的规章制度和工作规范。

三、如何培养工作规范意识

1. 树立通用的规范意识

通用的工作规范意识，主要包含有礼仪规范意识、工作流程意识和做事规则意识等。

美国"九一一"事件发生之后，世贸大楼被拦腰截断了，大楼电梯陷入瘫痪。这时，在世贸大楼中的所有人都必须走防火楼梯逃生，在这样的危急关头没有一个人拥挤，大家都靠右边按照顺序排队下楼，他们把左边空间留给消防和援助人员。这样潜移默化的规则意识在一定程度上降低了"九一一"事件的损失。

作为学生，我们必须树立规范意识，学会按规范做好工作，按规则办好事情。大到遵守公民道德公约、交通法规、学生守则和校规；小到遵守班规以及几个朋友之间定下的规则。这样融入社会以后，才会不影响他人，不影响社会，同时给自己发展带来方便。遵守规则不妨从小事做起。比如，每次过马路都要等绿灯亮了再从人行横道上通过，就算是一辆车也没有，也提醒自己要守规则，就是别人全都匆匆过去了，也要提醒自己要做守规矩的人。久而久之，就会形成较强的规范意识和良好行为习惯。

另外，同学们还可以把学校里的新生接待、晚会策划、专业竞赛、毕业设计和专业资格考核等作为实践的内容，积极参与，认真操作，逐步树立规范意识，提升个人做事的能力。

2. 掌握专业要求的规范

工作规范所体现的核心价值观是以正确的方式服务于企业、他人和社会，分解到个体，要求次次正确地做事，不给失误找借口。

例如，如何组织一次会议，其规范要求如下：

1）考虑清楚是否一定要开这个会，不开会有没有其他办法解决问题。

2）如果一定要开会才能解决问题，请思考会议的议题是什么。

3）考虑是否已针对议题拟好了初稿，并在会议前已给相关人士传阅，且提出意见。

4）考虑会议要请哪些人出席，思考在什么时间大家能同时参与，用多长时间能达成一致，在什么地点合适（因为会议是有成本的，越多人与会，意味着同一时间很多人要停止产出，会议的成本与时间和与会者身份成正比，要做到精打细算）。

5）会议所需的文稿和设备是否都准备妥当。

6）想一想会议的通知是不是传达到了每一个与会者。

7）是否对会场进行了检查和布置。

8）是否选好了主持人，并对他提出要求，考虑他是否能控制时间、节奏、气氛和效果。

9）对会议中可能产生的意外是否有预计及干预方案，比如重要人物缺席或意见分歧较大等。

10）会议按计划进行，会中是否有安排人员记录、协助会场。

11）会后，是否及时整理了会议记录及会议纪要，是否发到了应该知晓会议内容的每个人手中或邮箱里。

12）有没有安排人员检查会议形成的决定是否在要求的时间里得到落实。

以上这些要求应该在学习专业技能时就自觉遵守、认真履行。否则，很难取得长足的进步。有个寺庙，培训新和尚剃头时用冬瓜做道具，每次剃好后，师父把剃刀往冬瓜上一扎。等新和尚掌握了剃头技术后，老师傅拿自己的头做道具，让徒弟们给自己剃头。想想看，结果会怎样？新和尚剃好了头，把剃刀往师父的头上一扎，差点弄出人命呢！培训的时候就没按照规范去操作，结果必定后患无穷。

四、什么是质量意识

质量是企业的生命线,狭义的质量是指产品的质量、服务的质量。

质量意识是人们对质量的认识、态度和行为,对企业来说,质量意识是其生存和发展的思想基础。

试想,菜农不吃自卖的菜,裁缝不穿自制的衣,牛奶加工商不喝自产的奶,化妆品公司不用自己的产品,这些个人或企业持有什么样的质量意识,能在市场上生存多久?由于奶粉质量问题,国人对国产奶粉的信任降至低谷。没有质量意识的国家欠缺安全感,没有质量意识的商家是极其可憎的,没有质量意识的人不可能感受真正的幸福。

有个老木匠准备退休,他告诉老板,说要回家与妻子儿女享受天伦之乐。老板舍不得他的好工人走,问他是否能帮忙再建一座房子,老木匠说可以。但大家后来都看得出来,他的心已不在工作上,他用的是软料,出的是粗活。房子建好的时候,老板把大门的钥匙递给他。"这是你的房子,"老板说,"我送给你的礼物。"他震惊得目瞪口呆,羞愧得无地自容。如果早知道是在给自己建房子,他怎么会这样呢?以后他得住在这样一幢粗制滥造的房子里!

还有一个关于降落伞的案例,故事发生在第二次世界大战中期,是美国空军和降落伞制造商之间的真实故事。当时,降落伞的安全度不够完美,经过厂商努力地改善,使得降落伞良品率达到了99.9%,应该说这个良品率即使现在许多企业也很难达到。但是美国空军却对此公司说不,他们要求良品率必须达到100%。于是降落伞制造商的总经理便专程去飞行大队商讨此事,看是否能够降低水准?因为厂商认为,能够达到99.9%已接近完美了,没什么必要再改。美国空军一口回绝,因为品质没有折扣。后来,军方要求改变检查品质的方法——那就是从厂商前一周交货的降落伞中,随机挑出一个,让厂商负责人,亲自使用降落伞从飞机上跳下。这个方法实施后,不良率立刻变成了零。

老木匠的故事告诉人们质量意识就是要把产品当做为自己生产的,降落伞的故事则旨在说明质量标准要按客户的要求执行。质量意识，是把"顾客第一"作为信条，从而对待产品质量精益求精，追求100%的客户满意度。

五、如何培养质量意识

当今社会流行两大质量管理模式：一是美国式质量管理模式，二是日本式质量管理模式，二者都值得我们学习。美国式质量管理模式经历三个阶段：1．依靠操作者的技术确保品质；2．依靠事后检验来确保品质；3．以预防为主来确保品质。日本式质量管理模式的观念：1．无"次品"的质量管理观念，追求零缺点；2．面向消费者；3．"百分之一"的次品对顾客来说就是"百分之百"的次品；4．强调、重视全员参与质量管理。

美国式质量管理的思维模式发生改变的地方是不良产品的干预时间，日本式质量管理的思维模式在于零缺陷原则，他们共同的追求都是杜绝生产出不良的产品。质量与规范关系紧密，互为因果，要求人们第一次就把事情做好、做对。对求职者而言，拥有责任意识，是明确"我应该做什么"，拥有规范意识，是知道"我应该怎么做"，而拥有质量意识，是懂得"我要做到什么"，三者之间是从内容到行动到结果的过程，缺少哪一样都是不完整的。因此，培养质量意识应从以下两点着手：

1. 做人做事追求零缺陷

对个人而言，质量就是一个人的素养，包括生活习惯、行为态度和工作能力等。个人的生活质量与企业的生产质量有着相似共通之处：追求以最快的速度实现高品质生活（生产）。在校学习期间，就应该自觉树立质量意识，坚决摒弃"60分万岁"的思想，重视学业质量，扎扎实实学本领，认认真真学做人，不能随便应付学习，更不能敷衍自己的工作。

2. 高标准要求自己

现代企业已经能真正意识到"产品质量就是企业的生命"，"员工的质量意识是企业的灵魂"。企业家得出这样的结论：如果想在市场占有一席之地，就要靠员工将高科技转化成优质产品，员工的质量意识对于企业的重要性不言而喻，否则再多的管理人才和高新技术都是空中楼阁。

作为学生，我们应该了解社会需求，了解企业何等重视质量管理，并且进行换位思考，站在企业的角度思考问题，意识到产品（服务）质量关系企业存亡。自觉地把这种质量意识贯穿到自己的日常生活和学习中。经常检查一下自己：是否抱着无所谓的态度对待工作和学习？是否认真完成自己的事情？专业技术操作的动作是否规范？结果是否符合质量标准的要求？总之，我们需要把质量意识作为个人的追求，在生活习惯、工作态度、知识水平和技能水准等方面全面渗透，从最小的具体行动开始实施，立志把每件事做对、做好、做成，追求工作的标准和完美。

在美国，市场上出售的三只手表中就有一只是标有太麦克斯（Timex）商标的手表。在欧洲和非洲等地，太麦克斯手表抛到哪里，哪里的手表市场就受到猛烈冲击。原因何在？一是这种表价格低廉，二是它奇特的广告宣传方式。有报道说："太麦克斯推销方式是完全按照马戏团吸引观众的形式来进行的"，这在保守的手表业中前所未闻。手表推销员访问零售店时，把手表猛摔在墙上，或浸入水桶里以证明其防震和防水性能。公司因其所谓的"拷打试验"而在国外享有盛名，它在做商业广告时，以实况进行电视转播，太麦克斯手表被拴在飞奔的马尾上，或从41.51m高处投入水中，或被缚在冲浪板和水陆两栖飞机上面之后，人们可以清楚地看到它继续走动不停……

太麦克斯的"拷打试验"广告术，不论在哪里使用，都获得了成功。例如，1962年太麦克斯在非洲还是一个不知名的牌子。该公司发动了一场广告宣传战，仅1963年12月份太麦克斯便在非洲市场中出售了1000只，接着太麦克斯使用同样的绝招进入了法国市场。

能够支撑起"拷打试验"的正是太麦克斯坚不可摧的产品质量。

无独有偶，日本西铁城钟表商为了在澳大利亚打开市场，提高其手表的知名度，声称某月某日将在某广场空投手表，谁捡到归谁。到了那天，日本钟表商雇用了一架直升机,将千余只手表空投到地面,当幸运者发现自己捡到的手表完好无损时,都奔走相告。

于是这种表的销路大开。应当说西铁城之所以进入澳大利亚市场,是由于这种"出人意料"的"硬碰硬"的质量宣传赢得了广大消费者的信赖,树立起了"过硬"的产品质量形象。

这就是质量的魅力。

任务3 培养服务意识与沟通意识

一、什么是服务意识

《现代汉语词典》对"服务"的解释是:"为集体(或别人的)利益或为某种事业而工作"。服务意识,是指企业全体员工在与企业利益相关的人或企业的交往中所体现的为其提供热情、周到、主动的服务的欲望和意识。通俗地说,是指人们自觉主动做好服务工作的一种观念和愿望,它发自服务者的内心。

希尔顿饭店的创始人康·尼·希尔顿这样要求他的员工:"大家要牢记,万万不可把我们心里的愁云摆在脸上!无论饭店本身遭到何等的困难,希尔顿服务员脸上的微笑永远是顾客的阳光。"正是这永远的微笑,让希尔顿饭店的身影遍布世界各地。

一位企业家在员工培训大会上说道:我们希望每一名员工都能秉承企业制订的发展理念,认真、负责地工作。我们的环境宽容、和谐,允许你犯点小错误,但如果你从此就允许自己懒惰、偷工减料,不去努力,不做你应尽的事务,企业会因此受损,甚至还会因为辞掉你而付出金钱及其他成本,但这点损失我们还承担得起,可是你,将成为最大的受损者。因为再没有一个企业愿意接纳一个连最起码的服务意识都丧失了的人……

二、如何培养服务意识

1. 从家庭教育中培养服务意识

服务意识主要通过后天的教育和训练所获得。早期，孩子从家庭的教育中建立服务意识，培养自我服务（独立生存）和服务家人的意识。

在德国，有明确的法律规定，6～10岁的孩子要帮助父母洗餐具，收拾房间，到商店买东西；10～14岁的孩子要在花园里劳动，给全家人擦皮鞋；14～16岁的孩子要擦汽车和在花园里翻地；16～18岁的孩子要完成每周一次的房间大扫除。

在美国，1岁多的孩子基本上都是自己吃饭，几乎看不到父母端着饭碗追着孩子喂饭的情景。移居美国的中国人说，经常会有人按门铃，打开门后看到的是一个稚嫩的面孔，他问：请问你家需要请人割草吗？很多美国的孩子靠在自家或邻居家修剪草坪等杂工赚取零花钱。日本家庭从小就培养孩子自主、自立的精神，大部分家庭要求孩子做家务劳动，包括吃饭前后的帮忙；让孩子收拾整理自己的房间及身边的东西。

服务意识的早期培养来自于家庭，孩子良好习惯的养成和独立人格的塑造，已经越来越受到重视。

2. 从学校的专业培养中建立服务意识

学校作为教育的重要载体，衔接着家庭教育和社会教育。在终端教育之前，实施广义的服务意识教育——继续传扬利他思想，摒弃自私自利，教育学生要为他人服务，在人际交往中适当妥协退让，与人友好相处，以提供支持和帮助为荣，以团结合作为乐。进入终端学校，尤其是职业院校，有关服务意识的培养及训练与"职业"二字紧密相连，通过专业导向、就业导向和实践导向，提高学生的服务意识，提升学生的职业竞争力。

3. 主动训练个人的服务意识

下面，检测一下你是否具备服务意识？

1）在学校里，各方面的信息如调课、改变活动地点等应该有人亲自通知到我，因为广播和网络上发的通知我不一定能接收到。

2）通常都是老师和同学们主动来找我谈话或要我参与做某事。

3）我不想做班干部，太消耗时间，我只想学好技术。

4）我不希望从别人那里得到什么，也不主动询问别人需要我做什么。

5）团队活动少我一个人没什么关系，反正我去了也起不到多大作用。

如果以上5个命题判断为"真"，说明你的服务意识淡薄。

再看下面5个对应的命题：

1）在学校里，我会主动去搜罗信息，关注各个渠道的通知，并将所得资讯传达给我身边的人。

2）我会主动跟老师和同学探讨一些事情，听取大家的意见，帮他们反馈问题和解决问题。

3）我喜欢担任班干部，参加自己喜欢的社团竞选，走上大舞台锻炼自己，通过服务同学来提升自己的能力，获得快乐。

4）我不期待从别人那里得到什么，但我会思考能给别人带来些什么益处，怎样帮到更多人，我认为，能帮助人是一种乐趣，也是一种能力。

5）团队活动我必须参加，而且我要承担组织等职责，因为我有经验，也有责任，我能做得比别人好。

这5个命题如果判断都为"真"，说明你的服务意识较强烈，职业竞争力也非常强。

说到底，服务意识是通过一件件小事来训练。当你在家里能够主动为父母分担一些家务，在学校能为同学和老师做一些力所能及的事情，进入企业后，能把服务客户当做天职，把服务同事、上司和老板，纳入个人的职责范围，你就是个服务意识强的合格的职业人、社会人了。

三、什么是沟通意识

北大青鸟产品研发部经理肖睿表示，在他们对6000多家用人企业和

5000多个岗位的调研中发现，排在用人企业对员工职业素质要求前六位的分别是协作能力、沟通能力、时间管理能力、适应能力、学习能力和抗压能力。智联招聘编撰了《找到好工作，工作才快乐》一书，归纳有九大职业潜能：语言能力、运算能力、逻辑思维能力、艺术创造能力、空间知觉能力、运动协调能力、人际沟通能力、细节计划能力、宏观思维能力。可见，沟通能力已成为现代从业人员的通用要求。沟通能力强的人，会拥有和谐通畅的人际关系，有利于使工作效率倍增。甚至有企业认为，凡事都可以通过沟通得到解决。

沟通意识，是指人自觉、积极、主动沟通的倾向。通过语言等交际手段达到宣传、告知、说服他人的目的，最终目标是让他人行动。职场中，需要通过高效沟通让他人行动，从而创造更高绩效。有位记者在一所培训中心进行采访，她看到一群新进单位的大学生正在接受专门的礼仪培训，学习如何正确坐、立、行走，如何在西式宴会上使用餐具、如何接电话等。负责培训的张老师告诉该记者，这是某外企给职场新人上的第一课，原因就是很多大学生刚进单位时待人接物很不礼貌，缺乏基本的礼仪知识。张老师指出，基本的社交礼仪看似很简单，但在工作中恰是用得最频繁的，如果职场新人在这个过程中表现得不好，轻则被认为个人素质不高，重则影响到单位的形象和业务，因此建议大家都要好好学习，如最基本的在接听电话时应该说"您好，我是某公司的职员，请问……"，而"谢谢""请"等用语也要常挂嘴上。

四、如何培养沟通意识

培养沟通意识，首先解决认知问题，即为什么要沟通？人具有社会属性，一生中，人要在社会上被动或主动地扮演着各种角色，这些角色对沟通意识及能力提出了种种要求。现代社会是一个沟通世界，关系世界。从亲子关系到同学、师生关系，到以后的同事关系、上下级关系、婚姻关系及其他社会关系，个人在处理这些关系时要不断地学习各种知识、技能和规范，我们的个性才得以按照社会角色的期待被培养,才能具有适应社会、求得生存和发展的能力。

沟通是一种双向的行为模式,有主动参与和被动参与之别。培养沟通意识就是要培养主动性。人们生活在一个从熟悉到陌生的世界,总是习惯于父母、教师的主动问询。沟通一直处于被动状态的人,不太容易适应社会,也不懂得借助沟通方式来减少适应社会的障碍。主动积极地开展交流沟通,是让别人了解自己、发现自己的有效方式之一。进入企业,在同事或领导面前要善于表达自己的观点,在工作上多与相关人员沟通,可减少失误,正确理解与执行所需承担的任务。善于和他人进行积极主动交流和沟通的人,获得的机会也会比别人多得多。

培养沟通意识,要培养明确的目的性,即认识到沟通以达成共识和解决问题为目标。从与沟通对象的地位关系上可分为三类。

1. 与上级的沟通

与上级的沟通常用来解决:

1)我们要做的事情,需要得到您的认可、支持。

2)您提出的问题,我们有方案解决,征求您的意见。

3)有些突发问题发生了,我们需要请示如何处理(提出几种解决方案,表明倾向)。

2. 与平级的沟通

与平级的沟通常用来解决:

1)我们需要共同完成一件事情,需要您充分了解并支持。

2)这件事情超越了我的范围,而您正好可以解决。

3)这件事情由我们共同负责,发生了失误,我没有做到……您有什么补救的方案吗(自己也准备了几种方案)。

3. 对下级的沟通

对下级的沟通常用来解决:

1）这个项目由你来完成，你必须先了解需要你达到什么要求再去实施。

2）公司打算对你的职务或业务范围进行调整，原因是……你要全力以赴。

3）这个项目需要你们几个人合作完成，我想听听你们的计划。

最后，培养沟通意识，要用实践来得到训练，用技巧得到提升。学校是一个资源集散地，信息、知识和人际都是丰富的资源，学生要善于利用在校时间，切实参与各项活动，在思想认知和语言交际上不断提高水平，做到在沟通时有效提问、积极倾听、仔细观察和认真思考。

任务4　培养团队合作意识

一、什么是团队合作意识

1994年，期蒂芬·罗宾斯首次提出了"团队"的概念：为了实现某一目标而由相互协作的个体所组成的正式群体为团体。团队应同时具备几个要素：共同的目标，明确的分工，统一的领导，一致的行动。

团队合作是指团队成员为了达到既定的目标自觉合作、协同努力的过程。

团队合作意识指的是团队成员主动使自己的行为与团队目标保持高度一致，按组织要求最大程度发挥自己作用的意识。强调团队合作，并不否认个人智慧与价值，当个人的聪明才智与团队的目标一致时，其价值才能得到最大化的体现。团队合作意识具体表现为全体成员的向心力和凝聚力。通俗说来是人心齐、力量大，但优秀的团队并不是人力的简单叠加，而是分工不同、各具特色的人力资源的优化组合。

现代社会，分工越来越精细，生产趋向于专业化，企业的生产与服务活动靠单个的人难以完成，团结合作是发展的必然。例如物流业，它的环节相当多，从生产、出货、仓储、报关、运输、中转、清关和送货到门等众多环节不是任何一家公司能独立完成的，这里涉及太多的公司，公司之间要相互合作。从物流角度看，众多物流公司算是个大团队，经过通力的合作将物资运输到世界各地，最终进入每个家庭。

众所周知，蚂蚁是自然界中最为团结的动物之一。一只蚂蚁的力量是微不足道的，但上百万只蚂蚁团结起来，组成一个蚂蚁军团，则可以在几分钟之内将豺狼虎豹啃噬得只剩下一堆骨头。这就是"蚂蚁效应"所产生的威力。当大雨冲垮了蚂蚁窝时，蚂蚁们为了重建自己的家园，团结一致，百折不挠。它们拼命地搬运沙子，艰难地往地势高的地方爬，一个传递一个，很快就把家园修好了，恢复了正常的生活。

在蚂蚁的兵工团里，有着默契弹性的分工协作，一只蚂蚁搬食物往回走时，碰到另一只蚂蚁会把食物交给它，自己再回头，蚂蚁要在哪个位置换手不一定，唯一固定的是起始点和目的地，这启发了我们在工作中的互动和配合。

二、如何培养团队合作意识

1. 自觉培养团队意识

佛教创始人释迦牟尼曾问他的弟子："一滴水怎样才能不干涸？"弟子们面面相觑，没有一个人知道答案。释迦牟尼说："把它放到大海里。"一个人如果不能很好地融入团队，就会像离开大海的水一样迅速干涸；只有全身心地融入到团队中去，让自己成为团队的一部分，才能最大限度地实现自身的价值。

在团队中，个人或许起到了重要的作用，但个人英雄主义是一定要杜绝的。球队获胜的关键，在于成员之间的配合和默契，而不是仅靠一两个所谓的"明星"球员；乐团如果想要走得长远，就一定要注重成员之间的平衡，而不是只突出某一个成员的才华和技巧。作为团队的一员，不要只想着展现自己的实力，而是要具有整体意识和大局观，更好地服务于整个团队。有一位公司老总曾经举过这样一个例子：在他的公司里有一个员工，不仅拥有出色的学历，而且在工作上也作出了很多成绩。按照他的才能，早就应该晋升到更高的职位，可是，事实却并非如此，那些能力比他差的人都得到晋升，而他却一直停留在原位。原来，这位员工做事喜欢独来独往，不能和同事很融洽地相处。当同事需要协助时，他不是拒绝就是敷衍，而他也很少向其他同事求助，宁可事事亲力亲为。

遗憾的是，这位员工并没有意识到自己的问题，反而认为自己的才华没有得到老板的足够重视。终于有一天，老板从大局出发，决定辞退他。他不解地问："老板，如果我离开公司，您难道一点都不会心痛吗？"老板回答说："我当然会心痛，因为我将失去你这样一个有能力的人。但如果你伤害到我的团队，我一定会让你离开。"这位员工之所以没有得到重用，不是因为他没有能力，而是因为他不懂得放低自己，让自己成为团队的一分子。现在的企业越来越重视团队的力量，当老板觉得某一个人会影响整个团队时，即使他的个人能力再突出，老板也只好忍痛割爱。

现在的社会竞争前所未有地激烈，一个缺乏团队意识、不懂得互助和协作的人，即使有着超强的能力，也难以在工作中更好地发挥出自己的优势，甚至难以在职场中立足。抛弃了团队精神，就意味着抛弃了更好地实现自身价值的机会，团队固然要为此承担风险，但损失最大的无疑是个人。

对于团队中的每一个人而言，没有你我，只有我们。只有所有人都向着同一个目标前进，为团队作出力所能及的贡献，我们才会距离成功更近。当团队收获了荣誉和成就，我们每一个为之付出过努力的人，也将最大限度地实现自身的价值。

2．参与合作训练

（1）**注重参与集体活动**　在活动中需要跟其他成员进行沟通和交流。可以通过推选，也可以通过自荐，产生领导；通过商讨，达成团队目标；通过集体行动，共同完成任务。在团队中还可以不断尝试变换角色，让自己在多次的活动中判断最适合自己的角色，是领导型、还是技术型或是协调型的人才。

(2) **独立与合作相结合** 努力完成自己的任务，并在自己有富余的时间和精力时，帮助其他有需要的成员，缩短团队达标的整体时间。

(3) **有意识地营造同一性** 在活动中，必须遵守团队的同一性，必须牢记团队的统一口号、统一语言、统一礼仪等，自觉地培养团队合作意识。

(4) **服从与创新相结合** 创新也是一种难能可贵的能力，在团队中，除了服从团队集体的利益，还需要具有创新的意识。团队合作因角色与分工存在差异，必须打破平均主义，积极创新，促进整体目标的发展和最终实现。

(5) **参加专门的拓展活动** 通过一系列精心设计、组织的集体活动，激发自尊，开发心智和培养团队精神等。素质拓展于1995年走进中国，短短几年不断发展，备受推崇，逐渐被列入国家机关、外企和其他现代化企业的培训日程。适量参加这些拓展训练，有利于体验团队的伟大力量，增强团队成员的责任心与参与意识，树立相互配合，相互支持的团队精神和群体合作意识。

任务5　培养劳动关系与权益保护意识

一、怎样才算建立了劳动关系

劳动关系，从法律意义上讲，是指用人单位招用劳动者为其成员，劳动者在用人单位的管理下提供有报酬的劳动而产生的权利义务关系。劳动关系中的一方应是符合法定条件的用人单位，另一方只能是自然人，自然人必须符合劳动年龄条件，且具有与履行劳动合同义务相适应的能力。

确立劳动关系的有效凭证是签订了劳动合同。有些用人单位未与劳动者订立书面劳动合同，依据劳动和社会保障部印发的〔2005〕12号文，同时具备下列情形的，劳动关系成立。

1) 用人单位和劳动者符合法律、法规规定的主体资格。

2）用人单位依法制定的各项劳动规章制度适用于劳动者，劳动者受用人单位的管理，从事用人单位安排的有报酬的劳动。

3）劳动者提供的劳动是用人单位业务的组成部分。

用人单位未与劳动者签订劳动合同，认定双方存在劳动关系时可参照下列凭证：

1）工资支付凭证或记录（职工工资发放花名册）、缴纳各项社会保险费的记录。

2）用人单位向劳动者发放的"工作证"、"服务证"等能够证明身份的证件。

3）劳动者填写的用人单位招工招聘"登记表"、"报名表"等招用记录。

4）考勤记录。

5）其他劳动者的证言等。

其中，第一、第三、第四项的有关凭证由用人单位负责进行举证。

二、劳动者如何提高权益保护意识

1. 了解劳动者的权益

劳动者的权益主要包括平等就业和选择职业的权利、取得劳动报酬的权利、休息休假的权利、获得劳动安全卫生保护的权利、接受职业技能培训的权利、享受社会保险和福利的权利、提请劳动争议处理的权利以及法律规定的其他劳动权利等。

毕业生应着重了解就业权益，包括获取就业信息的权利，接受就业指导的权利，被推荐就业的权利，自主选择职业的权利，就业中的公平待遇权，违约及求偿权，档案保留权以及国家规定的其他权利。

毕业生权益通过各地就业主管部门进行保护，所在学校是实施保护的主体，毕业生需要在学校的指导下学会进行自我保护，熟悉有关的法律法规，如《中华人民共和国劳动法》《中华人民共和国劳动合同法》《中华人民共和国就业促进法》等。

2. 学会识别，谨防求职陷阱

（1）识别虚假招聘，避免招聘陷阱

1）爆炸式招聘：一招就几十人甚至上百人，从总经理到基层员工全部都招，对于这种类型的招聘要慎重。

2）永久式招聘：一家公司常年将招聘广告放在网上，这样的公司要小心。

3）单线式招聘：联系方式模糊，显示"心虚"，要谨慎。

4）垃圾式招聘：满大街贴的小广告多半是虚假广告。

5）色情式招聘：打着急招"公关主任"的字样招聘，低要求高薪水，骗你没商量。

6）无底薪招聘：不提供底薪，承诺会有高额提成，这类广告莫轻信。

7）中介式招聘：招聘条件低，不透露公司细节，收取费用，通常不会有好工作，有时还是中介和用人单位合伙设下的骗局。

毕业生小彭很希望上网求职，临近毕业的时候，他在职业指导老师的指导下，精心地制作了简历，并把简历挂到了一个求职网上。三天以后，自称是一家外地公司的负责人刘经理用手机通知小彭："你明天就来面试吧。"当小彭仔细询问的时候，发现了一些问题：首先，对方告知的工资待遇很高（试用期3500元/月）；其次，有关公司业务范围和有关工作的其他信息非常有限；再次，公司居然没有固定的电话。

小彭来找职业指导老师，老师亲自拨通了那部手机的号码："您好！请问是刘经理吗？我是一位职业指导教师，现在有几位学生想到贵公司去面试，请问贵公司具体的地址在哪儿呢？"

对方支支吾吾："哦，不好意思，我现在在外面，还有点事情要办，等我跟我们的老总沟通一下再通知你吧！"

结果可想而知，小彭和他的老师再没有接到那位所谓的刘经理的电话。

但是后来小彭告诉职业指导老师，自己的同班同学也接到过这位刘经理的电话，但这位同学没有询问别人的意见，独自前往，结果发现那是一个销售"低成本，高售价"化妆品的窝点。

（2）**识别问题企业，避免就业"黑洞"** 所谓问题企业，主要是指无证经营的假企业，俗称借"壳"；纯粹家庭式管理的企业；管理混乱的企业；连年亏损的企业；缺乏长远规划和竞争力的企业。这些问题有的在短时间很难发现，等到进入企业后再发觉已经迟了，就业时间成本受损不说，心理上容易受挫，因此要学会识别，尽可能避开问题企业。

1）可以通过查询网络了解企业，看是否有独立的网站，有没有不良报道。

2）咨询劳动保障监管部门，了解企业的诚信情况，是否有劳资纠纷等问题。

3）在面试时注意招聘主考官的表现，他们的言谈举止易暴露企业的痕迹，从主考人员的提问辨析有无企业发展的轨迹与企业文化内涵。

4）入职初期，观察用人单位办公环境是否有经营许可证等凭证，观看同事们的状态是否正常，侧面了解公司的经营状况，再看企业是否主动提供劳动合同的文本，以及文本是否正规、完整等。

5）企业的办公地址设在民宅或社区里，要慎重选择，这些企业往往是为了最大程度降低成本，有避税的可能，或许还处在筹备期。

（3）**试用期间的自我保护** "试用"已成了不少用人单位在招工时的普遍做法，这是受法律保护的。但在试用期内，不签订劳动合同、不缴纳社会保险、随意延长试用期，或者试用期间权益受损等现象，已成为广大学生就业中很无奈的遭遇。有媒体调查发现，大约90%的学生在转正前，都被用人单位先试用，然后才签订劳动合同，其间合法权益很难保障。需要清楚的是，试用期是用人单位和劳动者建立劳动关系后为相互了解、选择而约定的不超过6个月的考察期，它包括在劳动合同期限内，受法律保护。《中华人民共和国劳动法》对试用期的期限、辞职等都有明确细致的规定。

同学们求职时,莫让雇主将试用期从劳动合同中剥离出去,不要忽略了试用期间应有的劳动保障,像"五险一金"都不可少,还要警惕保证金、押金之类的骗局。

(4) **识别各类陷阱合同** 口头合同、单方合同、生死合同、"两张皮"合同等都是存在严重缺陷的合同形式。口头之约缺乏保障,求职者应签署书面劳动合同来保护自己的合法权益;单方合同通常表现为只讲劳动者的义务,不讲权利,或者避而不谈企业应承担什么责任与义务;生死合同避重就轻,让劳动者自行作出某种不利选择,一旦发生争议,企业以合同是"自愿"签署为由拒绝承担责任;"两张皮"是指一份合同用于真正执行,一份用于应付检查,劳动者有时为了一份工作被迫造假为企业做掩护。

陷阱合同不难识别,难在当劳动力供求失衡时,求职者为得到工作,明知是陷阱,也甘愿一试。所以,建立正确、理性的求职观念更为重要。

小王毕业后被某外资公司录用,做了一名工人,签了两年劳动合同,可是没想到公司经常加班。一次,公司为赶任务,又要求员工加班,每天只有3个小时的休息时间,并提出如不加班,将予以解雇。过了一周,小王实在熬不住了,于是向老板提出需要休息的要求,老板不准,并说:"谁要是不继续加班,不仅要扣当月的工资、奖金,而且立即解雇。"

小王很生气,向老板递交了解除劳动合同通知,并要求工厂向他支付解除劳动合同经济补偿金。"你跟我解除合同?我先解雇你,而且要扣你的工资、扣你的奖金!跟我要补偿金,你做梦去吧!"老板狠狠地说。小王回敬道:"你不能这样霸道,咱们论理去!"

通过劳动仲裁,小王的老板受到了处罚。

3. 正确处理劳动争议

处理劳动争议,可遵循的法规有《中华人民共和国企业劳动争议处理条例》以及各省颁布的相关条例。我国目前的劳动争议处理制度可以用"一调一裁两审"来概括，即发生劳动争议后，当事人除先进行协商外，可以申请劳动调解，调解不成，或者不愿意调解的，当事人可以向劳动争议仲裁委员会申请仲裁；对仲裁裁决不服的，可以向人民法院提起诉讼，其诉讼程序按照民事诉讼法的规定，实行两审终审制。"一调一裁两审"的制度将仲裁作为诉讼的一个前置程序，不经仲裁，当事人不能直接向人民法院提起诉讼。大致有三个问题需要注意：

（1）**了解自己提出辞职应承担的责任**　一是与单位协商，主动提出解除合同的，按照相关规定，此类情况企业不予支付经济补偿金；二是违反劳动合同约定解除合同时，个人应当赔偿公司的损失，包括公司出资招录的招录费用、培训费用（双方另有约定的除外），给公司造成的直接经济损失；三是个人自动离职，属于违法终止合同，赔偿方式跟第二种相同。

（2）**主动索要企业的离职证明书**　离职证明书可以为解决劳动争议、日后到新企业工作工龄的延续和保险金续交等情况提供证据，离职时应该主动索要离职证明书。

（3）**注意保存相关证据**　与企业发生争议的原因有多种，而企业作为劳动合同强势一方，往往利用自身的优势，将相关证据隐瞒或毁灭，把责任推脱得一干二净。劳动者本人应该懂得保存相关证据，以便保护自身的权益。

小杜毕业后，分配到某工厂，并与工厂签订了为期 5 年的劳动合同。过了一年，他回家过春节，看到家乡的变化很大，决定辞职不干，回家乡做个体经营。但小杜的厂领导不同意，认为按合同规定，小杜应提前 30 天递交辞职书才行。小杜没有理会厂领导的意见，擅自离开了工作岗位。

小杜开个体商店为享受政策优惠办理有关手续时，有关部门要求他出具与工作单位解除劳动合同证明。小杜无奈，只好又回到工厂，请求单位为他出具解除劳动合同证明。厂领导明确表示，不能为他出具解除劳动合同证明。原因是，他辞职时没有提前30天通知工厂解除劳动合同，小杜擅自离去给工厂的生产造成了损失。

思考与训练题

一、问答题

1）小王说只要做好分内的事就够了，没必要做那么多。他的观点正确吗？请运用本章知识加以辩驳。

2）你如何理解"质量是企业的生命"这句话？请结合具体事例来分析。

3）沃尔玛公司有一条标语，每一个进入商店的人都可以看到："第一，顾客永远是对的；第二，顾客如果有错误，请参看第一条。"你怎么看待这种服务理念？

二、技能训练题

1．分组讨论

分析下面资料，回答问题：实习生受事故伤害，该由谁负责？

上海市某职业技术学校学生李飞——外号"调皮李"，暑假经学校安排推荐，到某运输公司参加汽车维修实习。这天下午，李飞违反作业规则，横穿试车道时，被实习单位的驾驶员倒车撞伤。师傅们看他背部伤势严重，让他仰卧在硬木板上送往医院救治。几个月后他终于出院，但因"日常生活有关的活动能力严重受限"，被司法鉴定中心确认为七级伤残。公司以其与李飞之间不存在劳动关系为由，不同意李飞为工伤。经理说："驾驶员倒车是符合操作规范的，李飞受伤是自己调皮捣蛋、违反操作规程所致。要说有责任，也是他本人或学校的责任。学校应负责教育好自己的学生。"校方则认为："李飞是在公司工作时受伤，学校并非侵权行为人，因而没有赔偿义务。"

李飞的家长想不通：尽管孩子较调皮，但毕竟年幼无知。工人发生这种事可认定为工伤，为何李飞受伤就没人负责？难道实习生就如此"伤不起"？

提示：

劳动和社会保障部《关于贯彻执行〈中华人民共和国劳动法〉若干问题的意见》第十二条明确规定："在校生利用业余时间勤工助学，不视为就业，未建立劳动关系，可以不签订劳动合同。"实习是学校课堂教学内容的延伸，由于在校的实习学生不是《中华人民共和国劳动法》意义上的劳动者，实习生受事故侵害，双方的权利义务不受《劳动法》调整，而作为一般人身侵权按《民法通则》及相关司法解释的规定处理。

李飞基于学校安排到运输公司实习，与运输公司之间未建立实质意义上的劳动者与用人单位间的身份隶属关系。虽然是在实习单位因实习受伤，但劳动保障部门一般不予认定为工伤，其不能享受工伤保险待遇。

但运输公司有义务为实习生提供安全的实习场地。李飞可起诉到法院，请求判定运输公司、所在学校等承担连带民事赔偿责任，包括赔偿其相应的医疗费、残疾赔偿金、误工费、精神抚慰金等。

实践中，实习生与实习单位签订实习协议很重要。协议中应明确实习报酬的标准、实习纪律的约定、实习生过错造成单位经济损失的处理、实习生人身意外保险的约定、学校在实习过程中的职责要求及学校的法律责任等，以预防和处理各种争议。

2．操作题

1）假如你是某家企业的行政主管，现在需要你接待来访的贵宾团一行十人，你有两个小时的准备时间，试按接待工作规范写出你的一系列想法和做法。

2）模拟签订劳动合同

①全班学生分成若干组，每组8人，其中2人扮演用人单位人力资源部工作人员，2人扮演员工，每组搜索一份劳动合同参考文本并打印三份。

②另选5人与任课教师组成裁判委员会，任命裁判长，负责对所有已经签订好的劳动合同进行评判，对签订合同过程中产生的分歧进行调解。

③各组当事人双方就合同条款和内容进行协商，协商限时20min。协商过程以用人方为主，即使用人方发现合同中的问题，如果员工方没有提出疑义，也不必做修改。

④协商结束，各组按顺序依次由员工方向裁判委员会汇报协商结果，包括：对合同是否有疑义，对哪些有疑义，修改意见是什么，修改的理由是什么。

单元 5　社会实践

 知识目标

1. 了解社会实践的意义；
2. 了解社会实践的目的；
3. 理解社会实践的培养目标。

 技能目标

1. 学会制订社会实践计划；
2. 学会写作社会实践调查报告。

 职业感言

骏马能历险，犁田不如牛；坚牛能载重，渡河不如舟。舍长以就短，智者难为谋；生材贵适用，慎勿多苛求。

——（清朝）顾嗣协

 **案例分享**

小陈的转变

小陈，男，21岁，家在农村，初中毕业后因家庭生活困难，他选择了读技校。上学期间，他总爱独来独往，这种生活状态使他的性格很压抑，朋友很少，他也由此更不爱讲话了。毕业后，他被学校推荐到一家合资公司，干了三个月的仓管员。这三个月来，他依然像是与世隔绝一样，沉默寡言。

后来企业不景气，小陈就失业了，他找过两份临时工，由于心情不好也都没干长。没办法，他回到家里待了两个月，感到无法生活，想马上找一份工作，于是回到了学校给就业指导中心打电话，要求进行一对一的面谈指导。

小陈：（很小的声音）"我想接受一对一指导。"

职业指导师：（接听电话）"好！我们就约在明天上午九点，我等你。"

第二天，小陈按时来到就业指导中心面谈室，职业指导老师早早地等着他呢。

职业指导师："你好！你真准时……我想知道你打电话给就业指导中心之前的想法？"

小陈："前两个月我失业后脑子一直很乱，想了很多事，不知我错在哪里，怎么会落到这个地步了？不知该怎么办好，想到了学校的就业指导中心，就打电话了。"

职业指导师："好，请你给我介绍一下你的生活经历吧。"

于是，小陈介绍了自己的基本经历，职业指导师认真地倾听着。

职业指导师："我跟你一样，也是从农村出来的，你讲的经历我特别能理解，这几年你也真是很不容易，那么现在你是怎样打算的呢？"

小陈："我就是想找个工作，我觉得保洁工、搬家公司搬运工、超市的仓库管理员我都可以做。"

职业指导师："这就是你的求职选择吗？"

小陈："是的，我学历不高，技术没学好，又不爱与人打交道，怕讲话，一说话脸就红，我干别的不行，只有干这些卖力气的活儿。"

职业指导师："你还不到30岁，路还长着呢，不想干点有发展的工作？知道自己学历不够，有继续学习的打算吗？"

小陈："我学不进去……但是，我不怕苦，什么脏活累活我都不怕，我能吃苦。"

职业指导师："你认为只有不怕脏，不怕累，干力气活才算是吃苦吗？

能吃苦是不怕经历艰辛过程，刻苦学习，刻苦钻研科学知识，克服遇到的种种困难。你是为了逃避这些吃苦过程，才选择了不用动脑筋的简单劳动，怎么能说自己能吃苦呢？"

小陈："老师，从来没有人这样提醒过我。"

职业指导师："如果你同意的话，你不妨有意识地锻炼一下自己，找一份与人打交道多的活儿，像业务员、销售员试试，你说行吗？"

小陈："行！"

职业指导师："那好，我给你几条招聘信息，这几天过节在家看看有什么适合你的岗位，过了劳动节，做好准备去应聘。你看好吗？"

小陈："我母亲跟您的年龄差不多，您很和蔼，谢谢您！"

……

一个月以后，小陈打来电话："老师，我已经上班了，感觉很好。那天我从您那走后，感觉浑身都轻松，从来没有人这么跟我谈过话，我回家后特别兴奋。以前有人给我介绍过一个汽车内装的工作，我没去，回来后我与他联系。觉得还是应该去，就像您说的，越是怕开口讲话越要锻炼，这才是能吃苦的表现。我决心通过工作锻炼自己与人交往的能力，多交一些朋友。在原来的单位，人家都说我老实，我就凭这一点就能交很多朋友。俗话说，在家靠父母，出门靠朋友。老师，我过两天去您那还想和您聊一聊……"

任务安排

任务1　制订社会实践活动计划

一、什么叫做社会实践活动

社会实践活动一般是指学生的假期实习和顶岗实习。社会实践活动可以加深学生对本专业的了解，确定自己将来适合的职业，实现学校向职场过渡的准备，增强个人就业竞争优势等。

二、如何制订社会实践活动计划

1. 选择好实践的内容和目标

社会实践活动包括校内活动，也包括校外活动，形式多种多样。例如，有的学生选择在校内外勤工俭学，做家教或者打零工以补贴生活所需；有的学生选择做义工、支教或者支农，既锻炼了能力，又奉献了爱心；更多学生则是倾向于选择与专业相关的单位进行有偿或无偿实习。

无论是哪一种实践活动，都离不开计划，下面我们根据校内外实践活动的特点提一些建议，供参考。

（1）校外实践内容

校外实践内容	实践目标	实践的评估办法	时间安排
顶岗实习	1. 认识职业 2. 认识自我、分析自我 3. 加强对专业的认识	1. 实习总结报告 2. 职业生涯规划书 3. 实习鉴定书	建议毕业前半年内完成
访问用人单位	1. 获取和处理职业信息 2. 了解就业形势与政策	1. 市场调查报告 2. 用人单位反馈表	建议专业学习第二、第三年课余时间里完成
访问校友	1. 获取和处理职业信息 2. 了解就业形势与政策	1. 市场调查报告 2. 校友反馈表	建议专业学习第二、第三年课余时间里完成
走访人才市场	1. 把握就业形势 2. 了解就业市场 3. 了解职业需求	1. 制作简历 2. 求职体会总结	毕业前一年内
勤工俭学	1. 培养职业意识 2. 了解职业需求 3. 获得工作经验	1. 求职经历总结 2. 工作经验总结	课余时间
专业对应岗位实习	1. 培养职业意识 2. 了解职业需求 3. 获得工作经验	1. 求职经历总结 2. 工作经验总结	课余时间
社会公益活动	1. 培养社会意识 2. 了解社会需求 3. 获得间接工作经验	1. 相关报告 2. 间接工作经验总结	课余时间

（2）校内实践内容

校内实践内容	实践目标	实践的评估办法	时间安排
职业意识训练	1．加入社团 2．实践职业道德 3．培养团队合作意识 4．培养责任心 5．积累间接工作经验	1．自我评价 2．社团评价 3．学校鉴定书	在校期间均可进行
专业技能训练	1．获取专业对应的知识和技能 2．提高岗位工作所需能力	1．实习工厂训练 2．实操能力考核 3．实习工厂评定表	建议专业学习期间完成
职业个性培养	1．了解职业兴趣与对应职业群 2．了解职业性格与对应职业群	1．社会调查报告 2．用人单位反馈表 3．校友反馈表	建议专业学习期间完成
人才档案建立	1．录入个人基本信息 2．记录个人综合表现 3．确定求职意向	1．档案记录表 2．个人描述 3．小组评价	建议专业学习期间完成
面试技巧训练	1．掌握职业礼仪 2．把握面试沟通技巧 3．职业形象设计 4．建立网络人才档案	1．简历制作 2．小组角色扮演 3．职业形象展示 4．观摩校内招聘会 5．填写求职网站基本资料	毕业前一年内

2．做好活动计划和准备

以上实践内容很多，有的是学校统一安排，有的是自主选择。但无论如何，我们在参与实践前，应该做好自我分析，在了解自身需求的前提下，做好相关准备。

（1）**收集有效信息** 利用课余时间，结合自身特点和需求收集各类信息，明确假期社会实践内容，做好初步职业生涯规划。

在校期间，学习任务重，往往不能及时、准确、全面收集到有效的信息，所以应该懂得充分依靠和利用互联网等，也应该密切联系家人、朋友、老师和同学，更应该与社团同学保持良好的关系，获取最直接有效的信息。

（2）**制订活动方案** 如果属于个人行为，在获取信息后，应该至少有个对应的、初步的打算，活动在哪里，什么时候实施，可能会出现的问题以及应对措施等，做到心中有数。

如果是团队活动，还应该制订详细的活动方案。例如，某学生社团想做一次社会实践活动，但他们面临着几个问题：

第一，什么样的活动比较有意义？

经过大家讨论，学生们认为学校所在市区环境受污染情况较为严重，决定选择"环保在我心中"作为本次活动的主题。

第二，活动的具体内容是什么？

经过讨论，同学们决定成立几个调查小组，民主选举组长。每组负责的区域和项目不同，有的组负责调查水资源，有的组负责调查企业生产状态，有的组负责调查大气污染现状，有的组负责调查噪声污染情况，有的组负责到垃圾转运中心观看废渣污染情况，有的组负责调查居民意见，大家分工合作。

第三，各组调查路线和访问方法如何？

经过各小组讨论，每组首先确定自己的调查路线和访问方法，有的组需要联系学校老师或者家长，跟一些企业的负责人取得联系，请求配合学生的调查访问。然后，各组成员制订好相关的调查表，进行实地调查。水污染调查小组到主干河流调查水体污染现状；大气污染调查组到市区看大气污染现状；噪声污染调查组到主要交通干道及建筑施工现场考察噪声污染状况；废渣污染情况调查组到垃圾转运中心观看废渣污染情况；居民意见调查组通过抽样，到各区做调查。

第四，如何获取更全面的信息和数据？

经过与老师沟通，各调查组决定有必要走访一些管理单位，比如市环保局、市环境检测站、排污站，比较全面地了解本市环境污染和环境治理的情况。

第五，如何提高认识？

各组经过讨论、总结，最后共同完成《大气污染与防治报告》《水污染与防治报告》《噪声污染与防治报告》《固体废弃物污染与防治报告》《我市居民意见书》《环境与我们》等系列文章。

第六，如何推进实践结果？

各调查组分别向当地各负责部门提交调查报告，并在校园内外进行多种渠道的宣传，提高人们的环保意识，对推进当地环保建设作出力所能及的贡献。

（3）**选择合适的总结办法**　社会实践也是一种学习，不能当做儿戏。可以说，没有总结，就永远没有提升，没有原始的积累和记录，就没有丰富细致的经验。每次实践活动结束，都应该有较为合适的总结、评价或者考核。如果是个人活动，至少应该有一个活动体会的小结或者工作日记等；如果是团队实践活动，还应完成实践报告；如果是学校组织的实践活动，均需完成社会实践报告，递交实习单位信息反馈表，完成个人实习总结和实习鉴定等。

社会实践报告	
姓名：	专业班级：
实践单位地址和电话：	
社会实践主要内容：	
社会实践单位名称：	
社会实践过程、体会	
实践单位总体评价	
负责人签名 单位公章 　年　月　日	

任务2　访问用人单位

一、为什么要访问用人单位

访问用人单位，实际上就是搭建优秀企业与在校学生良好沟通的平台，可以实现学生与社会的优势资源整合，帮助学生获取职业信息，加深在校学生对专业以及专业对应职业的了解，提高对就业形势与政策的认知，提升学生在职业生涯规划中的针对性、自觉性和有效性。

二、如何访问用人单位

1．选择访问方法

（1）**学校统一安排**　哪个学期实施访问，访问内容是什么，访问的时间多长等，均由学校统一做好计划并组织实施。在实施过程中，学校会给你或者你的访问团队出具相关证明，或者由职业指导老师亲自带队完成。这种方法便捷有效，个人需要做好自己的计划并服从统一的安排。

（2）**个人自主选择**

1）用人单位信息收集：主要是通过学校、老师、校友，或者网络资源，收集你所学专业对应的企业情况，建立用人单位信息库。

2）电话或网络访问：虽然不是最好的访问办法，但快捷、信息量大。展开访问前，应该选取一个被访问单位的相关信息，拟定问题，拨通电话或者发送访问邮件，进行相关的询问。

3）实地访问：虽然比较烦琐，但访问结果真实可靠。展开访问前，也应该准备好相关信息和访问问题，并准备一份问卷和一张答案纸，在访问过程中随时记下答案。

4）进入单位实习：经过个人选择或者别人介绍等方法，进入用人单位实习，在实习过程中，记录实习见闻和体会，收集实习单位的相关资料，撰写实践总结报告或者某一项市场调查报告。

2．制订具体目标

1）明确市场对人才的要求。

2）明确专业与对应职业的基本要求。

3）收集处理各类单位用人信息。

4）修正、完善个人的职业生涯设计方案。

3．确定评估考核办法

访问用人单位过程以及结束后，我们需要选择合适的办法评估考核我们的访问效果，评估考核办法一般有：

1）收集并整理相关单位信息库：在访问之前，应该尽可能多地收集你的专业对应用人单位的情况，建立用人单位信息库。

2）撰写市场调查报告：针对企业经营情况，发展方向，人力资源管理等情况，撰写调查报告。

3）递交访问单位信息反馈表：企业根据你的表现进行客观评价。

4）修正职业生涯设计方案：根据访问调查情况，修正职业生涯设计方案，以便调整既定的目标和行动计划。

4．收集相关结果与资料

1）个人工作与访问日记：用于记录一些细节和报告中不易表现的内容。

2）撰写社会实践报告：总结社会实践的意义、过程和体会。

社会实践报告	
姓名：	专业班级：
实践单位地址和电话：	
社会实践主要内容：	
社会实践单位名称：	
社会实践过程、体会	

3）市场调查报告：针对某一问题进行相关的市场调查，总结情况，分析市场动向。

市场调查报告	
姓名：	专业班级：
调查报告名称：	
调查报告内容	

4）走访用人单位反馈表：用人单位对人才的综合评价与考核。

用人单位反馈表				
学生姓名：			专业班级：	
用人单位名称：				
用人单位地址：				
项目评估/项目标准	好	较好	一般	较差
礼仪				
表达能力				
沟通能力				
抗挫能力				
收集信息能力				
反馈信息能力				
用人单位对学生总体评价和建议				

负责人签名

单位公章

年 月 日

任务3 访问校友

一、为什么要访问校友

访问校友可以实现学生与社会的优势资源整合,搭建优秀人才与在校学生良好沟通的平台,加深学生对专业领域所需知识和技能的了解,使学生树立远大的职业理想,向榜样和前辈学习,激发学生的职业情感,促进他们完善个人的职业生涯设计。

通过走访校友,一方面可以使学生提高人际沟通能力,另一方面可以使他们更加清晰地认识自己和就业环境,包括对行业、职业和对应岗位的了解,明确今后的职业目标。

二、如何进行校友访问

1. 选择访问方法

(1) **学校统一安排** 每个学校都有一个校友信息库,根据这个校友信息库,在老师的指导下,针对访问对象、访问内容和访问时间等进行合理的筹划,尽量做到个人的需求与学校安排统一起来。

(2) **个人自主选择**

1) 校友信息收集:主要是通过学校、老师,收集所在学校、所学专业的校友信息,建立自己的校友信息库,这个信息库对自己未来的职业发展会有不少的帮助。

2) 电话或网络访问:展开访问前,应该先选取一个被访问校友的相关信息,拟定问题,再拨通电话或者发送访问邮件,进行相关的询问。

3) 面对面访问:根据学校校友信息库选择合适的访问人选,根据校友实际情况,准备好相关信息和访问问题,并准备一份问卷和一张答案纸,在访问过程中随时记录有关内容。

2．制订具体目标

1）明确市场对人才的要求。

2）总结校友工作经验。

3）明确专业与对应职业的基本要求。

4）收集处理各类用人信息。

5）修正并完善个人的职业生涯设计方案。

3．确定评估考核办法

访问校友以及访问结束以后，应该选择合适的办法评估考核访问效果，评估考核办法有：

1）收集并整理相关校友的信息库：在访问之前，应该尽可能多地收集所在学校、所学专业的校友信息，建立校友信息库。

2）撰写市场调查报告：针对校友访谈的情况，了解市场用人需求，用人单位人力资源管理等情况，撰写市场调查报告。

3）填写校友访问信息表：校友根据你的表现进行客观评价。

4）修正职业生涯设计方案：根据访问调查情况，修正职业生涯设计方案，以便调整既定的目标和行动计划。

4．收集相关结果与资料

1）个人访问日记：用于记录一些细节和报告中不易表现的内容。

2）市场调查报告：针对某一问题进行相关的市场调查，总结情况，分析市场动向。

市场调查报告	
姓名：	专业班级：
调查报告名称：	
校友对学生总体评价和建议	

3）校友访问反馈表：校友对访问者的客观评价以及对学校培养目标、教学方式、管理情况的改进意见。

校友访问反馈表				
学生姓名：		专业班级：		
校友姓名：				
工作单位：				
项目评估/项目标准	好	较好	一般	较差
礼仪				
表达能力				
沟通能力				
抗挫能力				
收集信息能力				
反馈信息能力				
校友对学生总体评价和建议				
校友对学校培养目标、教学方式、管理情况的改进意见				

4）校友访问总结报告：总结个人访问的过程、所采取的方法以及体会。

校友访问总结报告	
姓名：	专业班级：
校友姓名：	
工作单位：	
工作经历：	
地址和联系方式：	
访问主要内容：	
访问过程与体会	
访谈内容记录	

任务4 进行人才市场调查

一、为什么要进行人才市场调查

随着社会的发展,人才市场的人才中介服务体系趋于完善,必将成为人们就业的主渠道,成为毕业生与企业进行"供需见面"、进行"双向选择"服务的主要场所。由于绝大多数毕业生不具备丰富的社会实践经验,对人才市场缺乏了解,过分依赖学校,掌握信息比较单一,因此,很多人不能很好地适应人才市场的需求。只有走进人才市场,了解就业形势和职业要求,才能积累实战经验,进一步明确择业方向,减少盲目性、投机性和依赖性。

二、如何进行有效的人才市场调查

1.选择合适的方法

(1)由学校统一安排调查地点 学校根据当地的人才市场情况,进行必要的筛选,在老师统一指导下,筹划好访问的单位、访问的内容和访问的时间等,进行电话、网络或者实地调查。

(2)个人自主选择

1)收集准确的信息:主要是通过学校和老师,收集所在地区或者个人意向地区的人才市场情况,建立信息库。

2)网络调查:确定求职意向,准备求职资料后,选取几个求职网站,注册个人资料并经常进行更新,密切关注就业动向。

3)实地调查:根据个人所掌握的信息,选择几个合适的人才市场,进行观摩和现场应聘,填写调查情况表。

2.制订人才市场调查的目标

1)明确所应聘岗位的职责和要求。

2)学会整理求职材料。

3）学会筛选就业信息和就业渠道。

4）熟悉用人单位招聘的流程。

5）修正和完善个人的职业生涯设计方案。

3．确定评估考核办法

1）收集并整理相关人才市场的资料：学习期间，应该尽可能多地收集所在地区和毕业意向地区的人才市场资料，建立信息库。

2）撰写市场调查报告：针对人才市场的情况，了解市场对人才的需求，准备求职资料，学习求职面试的过程和技巧，撰写市场调查报告。

3）准备求职资料：准备好个人求职信、求职简历和求职辅助资料。

4）利用网络求职点击率：求职网站的选择、个人注册的相关资料，必要的信息更新等，对点击率都有很大影响，应该给予重视。

5）撰写求职面试总结报告。

4．收集相关结果与资料

1）人才市场调查日记：用于记录一些调查细节和调查报告中不易表现的内容。

2）人才市场调查表:真实记录调查情况。

人才市场调查情况	
姓名：	专业班级：
人才市场名称：	
时间：	
地点：	
应聘岗位： 1. 2. 3.	
描述岗位职责与要求： 1. 2. 3.	

（续）

人才市场调查情况	
姓名：	专业班级：
个人的求职优势	
能力差距	
改进办法	
人才市场调查的感想和收获	

3）面试效果评估表：根据个人调查情况，对个人或者他人面试情况进行客观评估。

面试效果评估表				
应聘人姓名：		应聘岗位：		
面试主持部门：					
基本素质评估依据：				
形象仪表	□较好	□可以	□欠佳	
证件检查	□真实	□假证	□不完全	□齐备
专业背景	□符合	□较符合	□不符合	
工作经历	□真实	□有假	□严重掺假	
有效经验	□符合	□较符合	□较少相关经验	
基本素质	□优秀	□良好	□一般	□不合格
求职动机：				
基本素质不足之处：				
评估等级：	□优秀	□良好	□一般	□不合格
特别说明：				
评估人：		部门职位：		初试时间：

任务5　撰写社会实践调查报告

一、什么是社会实践调查报告

社会实践调查报告是调查报告的一种。作为学生，撰写社会实践调查报告的目的就是走出校门，深入社会、走进用人单位，了解社会发展的情况，了解职业发展要求，了解社会对人才的要求等，比较注重真实、具体、典型的事例，注重收集数据和资料，注重发现问题、分析问题和提出解决问题的办法，以促进个人树立职业理想、进行有效的职业生涯设计。

二、如何撰写社会实践调查报告

1．确定明确的主题

主题是社会实践报告的灵魂，对社会实践报告写作的成败具有决定性的意义。因此，确定主题要注意以下几点：

1）报告的主题应与实践主题保持一致，比如关于"顶岗实习报告""关于人才市场调查报告"，或者就某一问题进行的实践活动所撰写的报告，如"关于用人单位对人才素质要求的调查报告"等。

2）进行调查和分析以后，需要根据结果，重新审定主题。

3）主题宜小不宜大，宜集中不宜分散，必须与报告内容协调一致，避免文题不相符或文不对题。

2．进行材料的取舍

对经过统计分析与理论分析所得到的系统的、完整的"调查资料"，在写作报告时仍需要进行精心的选择，没必要把所有的资料统统写上去，切不可眉毛胡子一把抓，一定要注意取舍。如何选择材料呢？

1）选取与主题有关的材料。坚决去掉那些跟主题无关的，或者关系不大的、次要的、非本质的材料，促使主题更集中、更鲜明、观点更突出。

2）注意材料点与面的结合。材料不仅要支持报告中的某个观点，而且还要相互支持，不能对立，努力形成文面上的"大气"。

3）完成报告后，还应对报告所用材料进行比较、鉴别，进行再挑选，让每一份材料都发挥作用，以一当十。

3．布局和拟定提纲

实践报告构思中的关键环节就是布局和拟定写作提纲。

布局反映在写作提纲上就是报告的"骨架"。拟定提纲的过程，实际上就是把实践材料进一步分类并进行构架的过程。构架拟定提纲必须围绕着主题，层层推进，环环相扣，纲目分明，层次也分明。

一般地，实践报告有"观点式提纲"，也就是把调查研究中所形成的观点按逻辑关系一一地罗列出来，写下来；另一种是"条目式提纲"，即按报告层次意义的表达，进行章、节、目分类，逐一地写成写作提纲。也可以将这两种提纲结合起来制作写作提纲。

4．起草社会实践报告

这是社会实践报告写作的行文阶段。要根据已经确定的主题、选好的材料和写作提纲，有条不紊地进行写作。在写作的过程中，要从实际需要出发选用报告的书面用语，灵活地进行段落划分。

行文时还应该要注意以下几个问题：

（1）**报告结构要合理**　实践报告应该根据报告需要包含必要的结构，一般要具备标题、导语、正文、结尾和落款等。如果报告比较正式，还应该包括中英文摘要、作者信息、参考文献、附录等内容。

1）标题：往往是一句话，反映报告所研究或反映的问题。

2）导语（前言）：开宗明义地说明报告的目的、意义、任务和方法等。

3）正文：报告内容，通过叙述、图表、数据、有关文献等资料，用纲目、篇、章、节等形式把主体内容有条理地、准确地表述出来。

4）总结：结论和建议。

5）落款：作者以及写作日期。

6）附录：有必要的时候，可以把调查工具或部分原始资料附在实践报告后面，供读者阅读。

（2）**报告的文字要规范，观点正确，可读性强**

（3）**报告一定要通读易懂**　一篇优秀的实践报告必须注意对有关数据、图表、专业名词术语的使用，做到深入浅出，语言具有表现力，准确、鲜明、生动、朴实。

5．定稿

社会实践报告起草好以后，要认真修改。主要是对报告的主题、材料、结构、语言文字和标点符号进行检查，加以修改和调整，最后定稿，有必要时还应报送相关部门。

顶岗实习报告

我是一名高技学生，2011年8月31日我和同学们参加了顶岗实习，本次实习的内容是到光宝集团做生产线操作工展。现在，两个月的顶岗实习生活很快就要结束了。这次顶岗实习让我感受到内心的充实，自我的成长。现将有关情况总结如下：

一、岗位责任是一名员工走向成功的必经之路

作为一名毕业生，毕业后走向社会，大多是从事一线工作，有劳动性的，有营销性的，基本上都要从基层做起，这是每一位高技生的必经之路。每一个岗位都有其特有的作用，干一行，爱一行，专一行，是一种岗位责任，是一种职业品质，所有的用人单位都十分注重员工的这种品质。可以说，这种品质可以促进我们成功。作为一名实习生，我在实习单位的领导和其他前辈的指导下，深切体会到岗位责任意识的重要性。也能够更加深切地体会到，作为一名在校生，必须顶岗深入到生产一线进行脚踏实地的工作，兢兢业业地去做，只有这样，才能磨炼和增强个人的岗位责任感，这是现代社会对高技生的基本要求。

二、学会学习是一名年轻员工成长的基本条件

年轻员工必须拥有较强的学习能力，要有一套系统的学习方法和遇到问题自己能通过相关途径自行解决能力。这次顶岗实习，我们在工作中遇到了不少问题，并不是每一种情况我们都能把握的。往往在这种时候，向师傅们的学习，向工作经验丰富的人学习，显得非常重要。另外，就是通过自学，在没有别人帮助的情况下，通过努力，寻找相关途径来解决问题。这种学习

的能力在实际工作中显得十分重要。

三、良好的人际交往能力是员工必备的素质

在工作之中不只是同技术、同设备打交道，更重要的是同人的交往，所以，一定要掌握好同事之间的交往原则和社交礼仪。这也是我们平时要注意的。我在这方面得益于在校学生会的长期锻炼，使我有一个比较和谐的人际关系，为顺利工作创造了良好的人际氛围。另外，在工作之中自己也有很多不足的地方，例如：缺乏实践经验，缺乏对相关行业标准的了解等。因此，我常提醒自己一定不要怕苦怕累，在掌握扎实的理论知识的同时加强实践，虚心学习，尊重前辈，学会沟通与合作。个人的力量总是有限的，纵然有天大的本事，但别人不给你表现的平台，也是毫无意义的。

四、不断积累方能不断进取

增强社会经验，也是增加工作经验。一名毕业的学生在面对用人单位面试时，别人很自然要问到你有无工作经验，这道门槛拦住了不少学生。因此，顶岗实习不仅仅是一种劳动锻炼，更重要的是通过实践增强工作能力，增加工作中的沟通和适应能力，增强做人的才干。实践出真知，实践长才干。有了适当的顶岗实习并能顺利拿到一份顶岗实习合格证，这对今后走向社会、应聘岗位无疑是非常有益的。

五、较好的工作能力还需要企业的科学管理技能

管理是一门科学，更是一门学问和艺术。科学的管理，能给企业插上腾飞的翅膀。我们这次选择的光宝集团是一家台湾企业，生产管理都是一流的，我们所接触的同事的素质也很高，操作熟练，工作作风严谨有序。集团总经理告诉我们："欢迎你们到我们企业实习，实习工作一定会比较辛苦，但我相信，经过实习，这个企业较强的管理意识和科学的管理技能一定会影响你们每一个人。将来你们到任何一家企业工作，都能很好地适应并很快成长起来。"总经理的一席话，证明了管理出效益，管理出人才，管理促发展的硬道理。

因此，我个人觉得到这样的优秀企业去磨炼，去锻炼，在实践中积累管理知识，学习做人的道理，很有意义。

短暂的实习就这样结束了，我们也即将走出学校，踏入社会。这段实习生活是一个很好的锻炼机会，让我真正体验到了学校和社会的差距，让我从一个学生转变为一个社会人。这样的飞跃对我个人的成长而言是极具现实意义的。我想我一定会更加努力工作，不断学习，实现岗位成才的理想！

李某某

××年××月××日

思考与训练题

一、思考题

1）社会实践有什么意义？

2）如何计划社会实践活动？

3）你是如何安排自己的专业学习以及社会实践的？根据个人的实际谈谈实际经验。

4）阅读资料，如果你是应聘者，如何应对招聘人员的以下几个问题？

招聘人员询问一位应聘者："你应聘的岗位是数控编程员。考虑到你是个应届毕业生，没有工作经验，我们认为你可能比较难适应这份工作。"

应聘者显得比较淡定："是呀，我没有直接的工作经验，不过在学校学习期间，我已经积累了大量的间接经验。"

"是吗？你说一说吧。"

"在校第二年开始，我担任校学生会主席，培养了一定的组织与策划能力；我对工作热情，对生活富有激情，是一个积极乐观的人；曾参加并组织策划过学校的大型文娱体育活动，比如校级十大歌手大赛、校级运动会、校级元旦晚会等。"

"你参加过社会实践吗？"

"有的。我一般利用寒暑假时间参加社会实践活动，累计已经有将近一年的社会工作经验。比如大学二年级暑假，我曾到来利（东莞）金属制品有限公司实习；大三寒假，我曾到帝马数控机床有限公司实习；我还利用课余时间到深圳麦当劳分公司、深圳欢乐谷公司做兼职。我在这些大型企业做过各种不同的职位，学会了很多做人做事的道理。"

二、技能训练题

通过调查和搜集，建立用人单位信息库、校友信息库、人才市场信息库、求职网站信息库。

1）建立一个信息库，至少包含10个所学专业对应用人单位的信息。

单位名称	
单位地址及电话	
单位网址	
负责人情况	
内部管理情况	
单位规模	
发展前景	
最近招聘岗位	
潜在需要岗位	
对人才的要求	
薪酬情况	
其他情况	

2）建立一个包含至少20个校友信息的信息库。

校友姓名	
工作地址及电话	
所学专业	
工作经历	
职务及职业感言	
对学校教学改革的建议	
其他情况	

3）建立人才市场信息库。

人才市场名称	
地址及电话	
网址	
交通路线	
管理情况	
面试体会	
其他情况	

4）建立求职网址信息库。

网址名称	
所在地区	
网址	
网站特色	
注册用户名及资料	
更新情况	
点击率	
面试情况记录	
网站管理情况	
其他情况	

5）写一篇你本学期参加社会实践活动的总结报告。

参考文献

[1] 唐凯麟，蒋乃平．职业道德与职业指导[M]．北京：高等教育出版社，2005．

[2] 蒋文立，孙玫璐．生涯规划[M]．上海：华东师范大学出版社，2005．

[3] 陈龙海，李忠霖．职业技能训练[M]．北京：北京师范大学出版社，2008．

[4] 麦可思（MyCos）研究院．大学生求职决胜宝典[M]．北京：清华大学出版社，2010．

[5] 张方．就业基本能力与就业指导[M]．北京：北京大学出版社，2010．

[6] 春晓．求职风暴[M]．北京：北京工业大学出版社，2010．

[7] 卢志鹏．大学生就业与创业指导[M]．北京：北京理工大学出版社，2010．

[8] 智联招聘．找到好工作，工作才快乐[M]．上海：上海人民出版社，2007．

[9] 汪莉．成功走上就业路[M]．北京：中国华侨出版社，2008．

[10] 蒋乃平．职业生涯规划[M]．北京：高等教育出版社，2010．

[11] 张东风．技校生就业与创业指导[M]．广州：广东科技出版社，2011．

[12] 王秋梅．学生心理健康教育[M]．北京：中国商业出版社，2009．

[13] 张明德．技能人才创业精萃[M]．广州：中山大学出版社，2002．

[14] 中华人民共和国劳动和社会保障部．中国高技能人才楷模事迹读本（第一辑）[M]．北京：中国劳动社会保障出版社，2007．

[15] 中华人民共和国人力资源和社会保障部．中国高技能人才楷模事迹读本（第二辑）[M]．北京：中国劳动社会保障出版社，2011．

教师服务信息表

尊敬的老师：

您好！感谢您多年来对机械工业出版社的支持与厚爱！为了进一步提高我社教材的出版质量，更好地为职业教育的发展服务，欢迎您对我社的教材多提宝贵意见和建议。另外，如果您在教学中选用了《职业道德与职业素养》（尹凤霞　主编）一书，我们将为您免费提供与本书配套的 PPT 课件，免费下载网址：www.cmpedu.com。

一、基本信息

姓名：_____　　性别：_____　　职称：_____　　职务：_____
学校：_____　　系部：_____
地址：_____　　邮编：_____
任教课程：_____　　电话：_____（O）　　手机：_____
电子邮件：_____　　QQ：_____　　msn：_____

二、您对本书的意见及建议

（欢迎您指出本书的疏误之处）

三、您近期的著书计划

请与我们联系：

北京市西城区百万庄大街 22 号（100037）机械工业出版社·技能教育分社　　朗　峰（收）
北京市西城区百万庄大街 22 号
Tel:010-88379761
Fax:010-68329397
E-mail:langfeng0930@126.com　　　　　　QQ：12688203